青少年心理品质丛书

主编：夏阳

U0634841

为自己准备明天的早餐

张俊红◎编著

新疆美术摄影出版社

新疆电子音像出版社

图书在版编目(CIP)数据

为自己准备明天的早餐 / 张俊红编著. -- 乌鲁木齐: 新疆美术摄影出版社:新疆电子音像出版社, 2013.4

ISBN 978-7-5469-3893-6

Ⅰ.①为… Ⅱ.①张… Ⅲ.①成功心理 – 青年读物② 成功心理 – 少年读物 Ⅳ.①B848.4-49

中国版本图书馆 CIP 数据核字(2013)第 071382 号

为自己准备明天的早餐　　　主　编　夏　阳

编　　著	张俊红
责任编辑	吴晓霞
责任校对	李　瑞
制　　作	乌鲁木齐标杆集印务有限公司
出版发行	新疆美术摄影出版社
	新疆电子音像出版社
地　　址	乌鲁木齐市经济技术开发区科技园路 7 号
邮　　编	830011
印　　刷	北京新华印刷有限公司
开　　本	787 mm×1 092 mm　　1/16
印　　张	14.75
字　　数	212 千字
版　　次	2013 年 7 月第 1 版
印　　次	2013 年 7 月第 1 次印刷
书　　号	ISBN 978-7-5469-3893-6
定　　价	44.50 元

本社出版物均在淘宝网店:新疆旅游书店(http://xjdzyx.taobao.com)有售,欢迎广大读者通过网上书店购买。

为自己准备明天的早餐

目
录

3

为
自
己
准
备
明
天
的
早
餐

第一章　认识自己，规划明天

　　本来，最优秀的就是你自己，只是你不敢相信自己，才把自己给忽略、给耽误、给丢失了……其实，每个人都是最优秀的，差别就在于如何认识自己、如何发掘和重用自己……

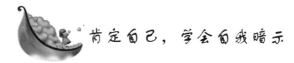

肯定自己，学会自我暗示

心理学上的自我暗示就是一种自我肯定，指通过主观想象某种特殊的人与事物的存在来进行自我刺激，达到改变行为和主观经验的目的。

自我暗示有消极与积极之分。消极的自我暗示可误导个人的判断和自信，使人生活在幻觉当中不能自拔，并做出脱离实际的事情来。消极的自我暗示还可使人对外界事物的认知形成某种心理定式，为人处世偏听误信，凭直觉办事。积极的自我暗示就是自我肯定，是对某种事物的有力、积极的叙述，这是一种使我们正在想象的事物坚定和持久的表达方式。进行肯定的练习，能让我们开始用一些更积极的思想和概念来替代我们过去陈旧的、否定性的思维模式。这是一种强有力的技巧，一种能在短时间内改变我们对生活的态度和期望的技巧。

自我肯定可以默不作声地进行，也可以大声地说出来，还可以在纸上写下来，更可以歌唱或吟诵，每天只要几分钟有效的练习，就能改变我们许多年的思想习惯。也就是说，我们越经常性地意识到我们正在告诉自己的一切，选择积极、扩张的语言和概念，我们就越能够容易地创造出一个积极的现实。

自我肯定可以是任何积极的叙述，它可以是很普通的或是很特殊的。我们所能做的在数量上肯定是无限的，它可以涉及我们想要改善自己的任何方面。如我们可以对自己说：

"我是一个聪明、漂亮的人。"

"在我所从事的专业领域，我是出类拔萃的。"

"我是最棒的。"

"我具有强大的行动力。"

"我能实现自己的美好愿望。"

自我暗示是心理学的重大成果，现在人们把自我暗示的方法运

为自己准备明天的早餐

用于确立积极、伟大的人格，帮助人们实现他们的目标，取得了明显的成效，这是成功学中一门重要的技巧。

自我暗示是有意识地向人的潜意识提供某些思想、观念等作为种子，并经过精心、反复地培养，让其在潜意识里生根、发芽、长大。

自我暗示的技巧是这样的：把所希望的东西反复肯定地告诉潜意识心智，并且一定要情绪化，要有感情上的投入，充分相信，这样就会在潜意识心智中植入你所希望得到的东西的指令，潜意识就会在你需要的时候替你工作，为你卖命，它会是你最忠实的奴仆。

通过自我暗示的方法，人们可以向他们的潜意识灌输自己所希望的东西，潜意识是不会拒绝的，你只需去培养这些幼苗。

积极健康的人格（目标）是需要反复地给以培养，而一些消极的人格似乎是不请自到，只要你不拒绝。因此，为防止某些消极的人格进入你的潜意识，请在自己的意识里树立一个牌子，写上：消极人格莫入。这样，潜意识的心灵就不会有消极的、破坏性的东西进入了。

如果人们自觉地把积极的、所希望的东西通过自我暗示的方法注入潜意识里，那么，人们就会有无限的力量和智慧，人们就会毫不困难地干成某件事情，人们的思绪就会像火山一样地爆发，人们有限的力量就会与无穷的智慧相沟通，幸运、成功之门就会向你敞开，你就会真正像阿里巴巴一样掌握着宝藏的秘密，说声"芝麻，开开门吧"！成功之门就会向你打开。人的潜意识心智具有无穷的智慧，关键是人们要通过自我暗示的方法来开启这扇智慧之门，只要你抱有真诚的心态，并不懈地使用自我暗示的方法，就没有什么能够阻止你的愿望。

人们常说自己是自己生命的主宰，人何以能主宰自己，最恰当的说明是人可以通过自我暗示的方法，向自己的潜意识心智传达命令，传达自己所希望成为什么样人的命令，通过自我暗示的方法，你完全可以成为你自己所希望成为的样子，这是人对自己生命主宰的最恰当、最深刻的说明。

有这样一个关于心理暗示的实验，可以让我们看到心理暗示的强大力量。一个死刑犯将要被执行死刑，执行人员对他说："我们想要做点儿试验，执行死刑的方式是使你放血而死，这是你死前对人类做的一点儿有益的事情。"这位犯人表示愿意这样做。实验在手术室里进行，犯人在一个小间里躺在床上，一只手伸到隔壁的一个大间。他听到隔壁的护士与医生在忙碌着，准备对他放血。护士问医生："准备5个瓶子够吗?"医生说："不够，这个人块头大，要准备7个。"护士在他的手臂上用刀尖点了一下，算是开始放血，并在他手臂上方用一根细管子放热水，水顺着手臂一滴一滴地滴进瓶子里。犯人听到滴答滴答的声音，只觉得自己的血在一滴一滴地流出。滴了3瓶，他已经休克，滴了5瓶他已经死亡，死亡的症状与因放血而死一样。但实际上他一滴血也没有流，所有的东西只是一个假象，这个假象给了他心理暗示，是"自己的血正在流淌，自己正在死去"的心理暗示，由此可见，自我暗示的力量实在太大了。

坚持心理上积极的自我暗示，对个人获得成功是非常重要的。

早早和朋友约好星期天出去玩，可是天不遂人意，到了星期天早上往窗外一看，竟然下雨了。这时候，你是不是会很郁闷? 你也许想:糟糕，下雨天，哪儿也去不成了，只能闷在家里。其实，你还可以这样想:下雨了，也好，待在家里好好读读书，听听音乐也不错啊。

没有人会拥有一切，大部分人的生活境遇，既不是一无所有，一切糟糕;也不是什么都好，事事如意。这种一般的境遇好像是摆在你面前的"半杯水"。面对这半杯水，你心里会想些什么呢? 只看到空着的那半个杯子，为少了半杯而不高兴，就是消极的自我暗示，这只会让你情绪消沉;而看到那满着的半个杯子，庆幸自己已经拥有半杯水，这样的积极暗示会让自己好好享用，因而情绪振作，行动积极。

所以萎靡不振的时候、紧张的时候，多想想自己的优点，默默鼓励一下自己"我很棒，我是最好的，我有比其他人优秀的地方，我某某方面做得比较好"等，会让你有更积极的想法，去面对眼前暂时的困境。

自我肯定，让自己接受自己

自我肯定，让自己接受自己，然后让别人接受你，是每个人要想获得成功的最好捷径。

当你遇到困难时，出去走一走，做一点儿别的事情。也许在做别的事情的过程中，困惑你的难题迎刃而解了。有人在一本励志书上这样写道："离开你的椅子，走出办公室，去参加一些需要体力投入的活动。"

已故的马尔科姆·福布斯曾说："运动中的汽车用发电机源源不断地为电池供电。"把车停在车库里，电池不可能充电，除非是辆高尔夫车。

福布斯相信很重要的一点就是："除非你真的逝去，否则永不言死。"他以自己的生命诠释了这一点。

自我肯定让你有情感与有勇气开始，但自信只有在你有足够能力证明自己能够控制生命的结果时才会产生。这必须通过经验才能获得。积极投入某项特定的项目，好好做，完成它，获得紧随而来的回报以及因为成功而感受到的鼓舞和激励。如果说，自我肯定是事业成功的捷径的话，那么，发掘潜力、争取获胜是走向成功重要的一步。

自我肯定，说来简单，但是做起来需要顽强的毅力。对照下面的问题，审视自己是不是一个积极的自我肯定者。

你能控制自己的思想、情绪和行动，并且指导它们帮助自己改善身体素质、关系、工作以及生活吗？你是一个善良、有用、令人尊敬的人吗？你有能力达到每天确立的目标吗？你相信自己具有承担风险的能力和判断力，并愿意接受此后的任何结果吗？你会为实现自己的价值而生活吗？你能从难题和挫折中学习，从中抓住进步和成长的机会吗？你的精神、思想和身体是一支强有力的团队，它们能够使你不断超越自我吗？你是自己最好的朋友和老师，会经常

5

对自己说鼓励、支持和尊敬的话语吗？你会每天都尽量让自己变得更有学识、更明白事理、更有好奇心、更有同情心、更有适应力、更加成功并且更有控制力吗？

对照上述问题，做到的继续坚持，没做到的积极改善，那么，世界上没有你做不成的事。

在自我肯定的过程中，你觉得自己所从事的活动就是在向人类示爱。当你把爱捐赠给他人的时候，他人总会回报你更多的爱。你处在爱的氛围里，你和你求助的人一样共同分享快乐的爱心。当音乐奏起的时候，蝴蝶也将落在你的肩头。因为，连你的肩头也堆满了甜甜的爱。

切记："过去的已经过去了，就像一碗水洒出去以后，你再也找不到它的影子。"你无法挽救昨天的失败，你无法挽留时间的流逝，你无法挽起失意的胳膊。

但是，你可以为昨天的失败画上一个句号，可以为时间的流失贴上一个标签，可以为失意的胳膊注射一支免疫蛋白，如果你可以满腔热情地投入到此时此刻，如果你可以为你梦想中的明天和人生的另一半岁月流汗挥泪。

大发明家富兰克林有一个秘籍，他发明了一套成功记录表，这套记录表很适合我们学习铁匣子里的成功秘籍。我们可以设计一套类似的，就像治病一样，先开一个疗程，也就是45周。然后，每个星期实践一道成功秘籍，并将每道秘籍上的重点列出来，每天大声读三次。这样坚持不懈地进行下去，一个疗程下来，你会发现，奇迹出现了。

充分利用这一天的时间，充分利用一切资源，没有什么能让你犹豫。为今天喝彩，今天就是你的财富！

梭罗·沃尔登说："如果一个人能充满信心并努力地向着他梦想中的生活方向进取，那么他一定会在平凡的生命历程中取得非凡的成就。"

奥格·曼狄诺在《选择》中说："选择，这是优化生命的关键所在。你有权选择。你不必在失败、无知、悲怆、贫寒、耻辱和自悯的生存状态中徘徊，虚度光阴。现实中有走向理想生活的光明

为自己准备明天的早餐

之路。"

肯尼迪说："生活是不公正的，它过去是这样，而且未来永远也是这样。"

安道鲁·卡耐基说："世界上有两种人在他们有限的生命中业绩平庸，一种人是不做别人告诉他该做的事情，另一种人只做别人告诉他做的事情。"

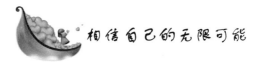

相信自己的无限可能

只有不断地进行自我肯定的练习，才能够改变我们对生活的态度和期望。当然，在肯定自我的时候，也不要忘了对自己过失的否定，要始终保持实事求是的态度。

自我肯定也是有技巧的，要以现在时态而不是将来时态进行肯定。例如，应该说"我现在很幸福"，而不能说"我将来会很幸福"。要在最积极的方式中进行肯定。肯定所需要的，而不是不需要的。不能说"我再也不偷懒了"，而是要说"我越来越勤奋，越来越能干了"。这样做可以保证我们总是创造积极的思想形象。再有，研究证明肯定词越简短，效果就越明显。一番肯定应该是一番传达出强烈情感的清晰陈述，情感传达得越多，给人的印象越深，如"我真棒！"进行自我肯定时，尽可能努力创造出一种相信的感觉，一种它们已经真实存在的感觉。

有一个女孩子，她做梦都想当个歌手，可是她非常厌恶自己的容貌。每次照镜子，看到自己的大嘴巴和龅牙，她都感到很伤心。有一次，她终于鼓足勇气在学校的联欢会上展现自己的容貌和歌喉。她感到十分紧张，唯恐同学们发现她不好看的牙齿。她在台上将上嘴唇紧紧抿着，极力地摇晃身体，希望借此吸引观众。结果是弄巧成拙，掌声稀稀拉拉，很显然，她失败了。在联欢会的来宾席上有一位音乐家，听了她的歌声，认为她很具有歌唱才能，于是来到后台对她说："刚才在台上你做的一切动作我都看得清清楚楚。你尽量抿着上唇不使龅牙露出来，你真的以为自己的牙齿不好看吗？"听了这话后这位女学生开始反思，似有所悟。音乐家不客气地继续说："人的美丑并没有统一的衡量标准，龅牙是不是一定丑呢？更何况这又不是你的罪过，何必要隐瞒呢？你为了掩饰自己的牙齿。故意矫揉造作，肯定不会成功。你还是尽管张大嘴巴，放声唱吧！大家看到你毫不怯场、应付自如的表演，一定会喜欢上你的。"这位女学生接受了音乐家的劝告。每逢在众人面前表演时，都尽情地张开嘴巴，开怀地放声歌唱，她的歌声征服了很多人。后来她真的成了一名歌星，甚至有许多演员效仿她的舞台形象。

所以对于自己，我们了解得还是太少。有的时候，不经意做的事却是我们身上的闪光点之所在，而刻意去追求的未必能够得到别人的认同。看来，每个人都需要整理一下自己的思维方式，是自我肯定比较多，还是总在不经意间自我否定呢？

有效地建立自我肯定的意识，有意识地运用自我肯定，是建立自信和人生信念的好方法。我们有时会自言自语，我们往往是无意识地倾听这种自己与自己的对话。如果总是听到内在的自我说些负面的、自我否定的话，时间长了，就会不断地产生和加强一个低落的没有人生斗志的自我形象。而如果我们选择正面的积极的对话，重复不断地用正面的信息来提示自己，我们内心会变得更加强大。

可以说，自我肯定是内心深处的一种信念，随着生命的发展不断发展。自我肯定并不是要改变过去，而是要通过改变现在，去把握未来，在未来创造出新的生活。不论是在工作还是在生活中，你想做的所有事情都始于一个想法：我认为我行，实际上我就是行。任何事情只有当你想到了，你才有可能做得到。一棵小树之所以能成为参天大树，不光要种子好，还要有合适的环境和土壤，你心灵的环境和土壤，将决定你这棵人生之树是否能够成长为参天大树。

要怎样才能加强自我肯定的意识呢？如果你想要具备某种品质，比如自信，当你准备去参加一个面试前，你的第一直觉可能是"对这个岗位我不是很自信"。当这个想法进入头脑后，你就用一个相反的想法"我相信自己能胜任这个岗位"来替代。不断地用这种积极替代消极的方法来重复"我行"、"我能"、"我一定可以"，直到自

8

己的内心充满力量，真正地完全相信自己。

每个人都希望获得别人的赞美与认同，而不愿意听到批评与指教。但是很多人却往往只看到自己的缺点，忘了自己还有优点，而且拼命拿自己的缺点和别人的优点相比较，结果变得愈来愈没自信心；也有的人一听到有关自己的好评时就信心十足，但一有负面的评语时就感到挫折沮丧。其实，我们应该学习控制自己的情绪，千万别把心情的主控权交在别人的手中，否则岂不是人家当导演而你当演员，任人摆布。要真正地认识自己，找到自己的优点，时常从心里肯定自己。

当然，自我肯定并非自我膨胀，更不可侵犯别人，因为肯定自我并不等同于自满自傲。要做到自我肯定，首先要认清自己的优缺点，了解自我，才能找到"肯定自我"之立足点。人不可能样样都是最好的，所扮演的角色也无法使每个人都满意，不要希望事事都能符合别人的期望，只要尽心尽力，全力以赴就好，别太在意旁人的评价，否则就无法享受到自我肯定所带来的轻松、自在与安适。

因此真正的自我肯定，是别人对自己的看法或评价可以接受，可以尊重，但必须放在自己心中的天平上来衡量。也要能面对并全然接受真切的自己，同时仔细倾听来自内心深处对自己的期盼，有了这些基础之后，自我肯定将会带领着自己不断成熟、成长，迈向更美好的未来。

麦克·阿瑟将军说："你有信仰，你就年轻，你若疑虑，你就衰老；你有自信，你就年轻，你若恐惧，你就衰老；你有希望，你就年轻，你若绝望，你就衰老。"常常地自我肯定，给自己积极的暗示，可以帮助自己寻找适合的目标，并让你在改变自己的同时，激发自己的潜能。

威廉·丹佛斯是布瑞纳公司的总经理，他小时候长得瘦小赢弱，而且志向不高，因为每当他面对自己瘦小的身体，信心就完全丧失了，甚至为此经常感到不安。直到有一天，他遇见了一位好老师，人生观从此改变。

上课的第一天，那位老师便把威廉找来，对他说："威廉，我从你的自我介绍中发现，你自己认为你很软弱。你越是这样想，那么你就会变得越来越软弱。其实你是一个非常强壮的孩子，不比任何人差。"

小威廉听到老师这么一说，惊讶地回道："是吗？怎么可能呢？我怎么可能是强壮的孩子？"

老师笑着说："当然是喽！来，你乖乖地站到老师面前，并听着老师的指示。你看看你的站姿，从中就可以看出，在你心中只想着自己瘦小的一面。来，仔细听老师的话！从现在开始，你脑海里要想着我很强壮，接着做收腹、挺胸的动作，想象自己很强壮，也相信自己任何事都能做到，只要你真的去做，也鼓起勇气去行动，很快地你就会像个男子汉一样！"

当小威廉跟着老师的话做完一次，全身忽然间充满了力量。从此，他再也不感到自卑，取得了很大的成功。到了老年，他依然活力十足，因为他一直遵行着老师的教诲，数十年来从未间断，每当人们遇到他时，他总是声音饱满地喊："站直一点儿，要像个大丈夫一样。"

利用自我暗示的力量，灌输给自己正面的意识，在改变自己的同时，可以更加了解自己，也对自己更具信心。就像故事里的小威廉，老师引导唤起了他内在的勇气与活力，让他相信，只要挺直腰，世界就已经掌握在自己的手中，你呢？还是垂着头或是歪歪斜斜的站姿吗？你听，威廉又在喊了：站直点儿，要像个大丈夫一样。深吸一口气，你一定能感觉到身上的一股潜在能量正隐隐发威，唯有相信自己的无限可能，你才能真正地超越自己，提早看见成功的未来。

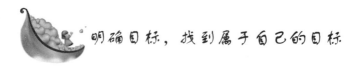

明确目标，找到属于自己的目标

人生要有目标，一个人追求的目标越高，他就进步得越快。"伟大的目标构成伟大的心灵，伟大的目标产生伟大的动力，伟大的目标形成伟大的人物。"

人生是一条长长的路，如果没有目标、没有方向，就会像一只无头苍蝇一样，在生活面前处处碰壁。人生有了目标，生活才会充实，日子才会过得快乐。人生有了目标，才会有方向感，少走冤枉路。

有了目标，才会有奔头，生活也会因此而变得精彩，日子因此而充满激情。目标就是你人生的方向。一生都为目标奋斗的人，没有理由不成功，也找不到理由不成功。

人生如果没有目标，就会放纵自己，甚至会走上犯罪的道路。但是目标有好的，有坏的。在确定目标之前，要先分清对与错，是与非。如果你的人生目标不切实际，危害到祖国和人民，伤害到别人的情感，你只会越走越远。所以在确定人生目标之前，一定要分清是与非，什么是好，什么是坏，然后朝着你的人生目标努力奋斗。

人想要的总是很多，会有很多个目标，而如何从众多的目标中选出一个目标来实现，这就需要理性，更需要智慧。因为人生总会有翻不过的山、过不去的河。并不是所有的目标都会实现，人生总会留下遗憾。如果人生完美了，那这个世界就不会有战争，只有和平，也不会存在着罪恶。所以在选择你的人生目标时，一定要知道自己的优点，要量力而行。如果目标定得太高，一时间很难实现，只会让你身心疲惫，失去信心。所以完成目标，不但需要努力，还需要智慧。不妨把你的人生目标分为几个段落，一个一个地实现，直到达到人生的最高峰。这样做起来，不但有喜悦感，还有成就感，也轻松了许多。

实现人生目标，需要时间，更需要恒心和勇气，切不可凭着一时的兴趣和爱好。实现人生目标，需要你制订一个长远的计划，每天付出一点点，而且不能够停留。这样，目标才会离你越来越近。只要有目标，就要坚定信念，就一定能够叩开成功的大门。

目标不是一句口号，也不是一个话题，而是你人生价值的体现。只有你的人生目标实现了，你的人生价值才会提高，你才会站在万人之上，傲视天下，受到万人的崇拜和追求。想要实现人生的目标并不是一件容易的事情，不但需要我们努力，还要排除外界的干扰，抗拒很多的诱惑。不过只要我们付出了、努力了，目标就一定会

11

实现。

要想人生有所成就，就必须制订你的人生目标，而且一生都只为这一个目标奋斗。千万不要抱着试试看的态度，也不能因为一些困难和环境就放弃了追求的人生目标。如果这样，你也别努力了，还不如留点儿时间在床上多睡一会儿。

目标是一个人努力的方向，有什么样的目标就有什么样的人生。目标的作用，也许是一个时时刻刻看得见的激励，也许会带来意外的收获。找准一个目标，人生就好像有了罗盘的指引，一切行为都有了方向，成功也就会变成一种欲望。

你今天站在哪个位置并不重要，但你下一步迈向哪儿却很关键。我们都不能延长生命的长度，但却可以扩展生命的宽度。或许你觉得现在的地位是那么卑微，或者从事的工作是那么的微不足道，但是只要你强烈地渴望攀登成功的巅峰，并愿意为此付出艰辛的努力，那么总有一天你会喜笑颜开，如愿以偿。

任何时候，社会都有不同的阶层，大量的人处在金字塔的底部，只有一小部分人处在金字塔的顶部。处在底层的人们每天辛辛苦苦地工作，但却只能勉强维持自己的生活。而处在塔顶的人则是蒸蒸日上，发展前途不可限量。大量的人只能做普通的工作，有普通的收入，少数人在高层作决断，享受财富。然而人们往往忽视了，这些身处顶端的人，曾经也处在底部，是一个默默无闻的小职员，他们是一步一步地攀上了金字塔的顶部。

我们要相信，上帝对每个人都是公平的，希尔顿、洛克菲勒并不比任何人拥有更多的时间，那么他们的成就又从何而来？差距就在于眼光的高度，在于人生的目标！

绝大多数人的一生都在平庸中度过，尽管他们并非像想象中那样懒惰闲散、好逸恶劳，甚至好吃懒做，他们中间的很多人甚至是勤勤恳恳的，但是他们只能扮演无足轻重的次要角色，其根本原因在于他们缺乏真正的内动力。社会的要求，别人的约束，使他们对待本职工作还算尽职尽责，但是他们却很少去想怎样才能够让自己的人生有翻天覆地的变化。也就是说，生活中的大多数人，都是没有目标的人。一个没有目标的人，又怎么能够做到优秀，做到成

为自己准备明天的早餐

功呢？

很多时候，挡在成功路上的障碍，不是贫穷或者困苦的生活环境，而是内心对自己的怀疑。如果有了坚定不移的目标，即使贫穷到买不起一本书，仍然可以通过借阅来获得知识。我们无法想象一个胸无大志的人会创造一番业绩，我们也同样无法想象一个像林肯、威尔逊或李嘉诚一样的人，会埋没在茫茫人海中。他们经历过一次次的失败，但是因为有梦想，所以从不放弃努力。梦想，造就了他们强烈的内动力，也造就了他们成功的人生。一个人有了追求生活和奋进向上的理由，只要你爱拼、敢拼，就能赢得多彩多姿的生活。

生活中的大多数人，都被生活的重负压在身上，如同一块巨石压身，喘不过气来。的确，我们的生活太沉重了，身心常有疲惫之感。但是又不能不为自己的前途静下心来去寻找出路。也许会发出这样的感叹："唉，我的出路何在呀？我都熬到这样的年龄了，怎么还是没有希望。"叹息是没有用的，唯有挺着腰杆寻找出路才可能有最大的希望，才是硬道理。

任何人想要成功，都免不了在探索自己的人生出路中寻找到准确的人生目标。这是对自己也是对生命的负责。

如果你没有远大的志向和为之奋斗的明确目标，那么你会在人生的路上失去方向感，只会在迷茫中虚度时日。没有人生的目标，只会停留在原地。没有远大的志向，只会变得慵懒，只能听天由命，叹息茫然。想不让机会就这样溜走，不叫青春就这样逝去，只有靠志向和理想冲出迷茫的漩涡，崭新的人生之页才会从这里掀开。

我们常说，人生立志。古人对"志"的解释，是认为"心之所指曰志"，也就是指人的思想发展趋向，也就是你的目标。当代汉语对"志向"一词是这样解释的："未来的理想以及实现这一理想的决心。"理解了"志"的含义后，我们对"立志"的含义就很好理解了。所谓立志，就是立下未来的人生理想，确定自己努力的方向。

在人的一生中，除了年幼无知的童年时期外，其他每个不同的成长发展阶段都与立志有很大的关系。简而言之，青少年求学阶段，尤其是大学时期，是人生志向的确立时期；中年工作阶段，是人生志向的实现时期；老年休息阶段，是对人生志向的回顾与检查时期。

由此看来，立志、确定目标是人生各个时期中不可或缺的事。这值得我们每个人深思。

一个没有目标的人就像一艘没有舵的船，永远漂流不定，只会到达失望、失败和丧气的海滩。成功者总是那些有目标的人，鲜花和荣誉从来不会降临到那些无头苍蝇一样在人生之旅中四处碰壁的人头上。

但凡成功的人，一定都有明确的奋斗目标，他们懂得自己活着是为了什么。他们会尽自己的所有力量，向既定的目标前进，他知道自己怎样做是正确的、有用的。有了明确的奋斗目标，也就产生了前进的动力。因而目标不仅是奋斗的方向，更是一种对自己的鞭策。有了目标，就有了热情，有了积极性，有了使命感和成就感。有明确目标的人，会感到自己心里很踏实，生活得很充实，注意力也会神奇地集中起来，不再被许多繁杂的事所干扰，干什么事都显得成竹在胸。

琼·菲特说："信心和理想乃是我们追求幸福和进步的最强大推动力。"

漫漫人生路，让我们立下自己的志向，盖起自己成功人生的辉煌大厦吧！有志者，事竟成！

如果将人生比作是射箭的话，目标就是你一个看得见的靶心，如果没有靶心，就是无的放矢，所以，没有目标的人生是不可能成功的。设定自己的目标，并努力把这些目标变成现实，你就会有很大的成就感。

想要做个有成就的人，首先必须知道自己想成就的是什么，否则就会像在太平洋中驾船却没有指南针一样，随风飘荡，虚掷一生，哪儿也去不成。

为自己准备明天的早餐

 明确目标让你更好地把握现在

人是通过在现实中努力来实现自己的目标的。希拉尔·贝洛克曾说："当你做着将来的梦或者为过去而懊悔时，你仅仅拥有的现在却从你手中一溜而过了。"尽管目标是朝着将来的，是有待将来实现的，但目标却让你能把握住现在。实际上，大的任务是由一连串小任务和小的步骤组成的，实现任何理想，都要制订并且达到一连串的目标。每个重大目标的实现，都是一连串小目标、小步骤实现的结果。因此，假如你集中精力于此时此刻手边的工作上，心中明白你现在的种种努力都是为实现将来的目标铺路，那么你就能走向成功。

哥伦布的信心与毅力来自何处？来自目标——一定要到达美丽富饶的东方。他没有到达东方，但却在目标的指引下发现了新大陆，开创了航海史上的新纪元。你一定要有一个目标，不然你就会难以达到你的理想，正如要你从一个从未到过的地方回来一样。只有你制订了准确、固定、清晰的目标，不然你就不会体验到自己的最大的潜能，你永远只会是"徘徊的普通人"中的一个，哪怕你可能成为"有意义的特殊人物"。如果没有明确具体目标的时限，任何人都难免精神涣散、松松垮垮，要完成自己所制订的目标也就会是一句空话。

会有很多失败的人，把原因归结为天赋不好，或是不够走运，没有那么好的机遇。其实，人与人之间的根本差别并不是天赋、机遇，而在于有无目标。

任何人的成功都是用目标的阶梯搭就的。你为什么是穷人？根本的一点是你没有立下成为富人的目标。所谓成功，就是实现既定的目标。所以成功的第一步，从设立目标开始。

如果你已习惯朝九晚五的上班族生活，整天上班、下班，日复一日，任凭岁月消逝，而且满足于这种状态，那么你一定成不了富翁，很难成就一番事业。一个积极想要赚钱的人，绝不以温饱为满足，一定要想怎样能让生活多彩多姿，天天充满活力。具备了这个要件，再冷、再热的天气，再苦、再累的工作，你都会心甘情愿地去做，而当你养成了这个"习惯"后，成功自然就离你越来越近。

有这样一个小男孩，他的父亲是位马术师，他从小就必须跟着父亲东奔西跑，一个马厩接着一个马厩、一个农场接着一个农场地

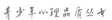

去训练马匹。由于经常四处奔波，男孩的求学过程并不顺利。

初中时，有次老师叫全班同学写作文，题目是"长大后的志愿"。

那晚他洋洋洒洒写了7张纸，描述他的伟大志愿，那就是想拥有一座属于自己的牧马农场，并且仔细画了一张200亩农场的设计图，上面标有马厩、跑道等的位置，然后在这一大片农场中央，还要建造一栋巨宅。

成功人士比你富1000倍，就能说明他们比你聪明1000倍吗？绝对不是。关键在于他们确立了人生目标。就像这个小男孩，他花了好大心血把作业完成，第二天交给了老师。两天后他拿回了自己的作文，第一面上打了一个又红又大的F，旁边还写了一行字：下课后来见我。

脑中充满幻想的他下课后带了报告去找老师："为什么给我不及格？"

老师回答道："你年纪轻轻，不要老做白日梦。你没钱，没家庭背景，什么都没有。盖座农场可是个花钱的大工程，你要花钱买地、花钱买纯种马匹、花钱照顾它们。"他接着又说："如果你肯重写一个比较不离谱的志愿，我会给你打你想要的分数。"这男孩回家后反复思量了好几次，然后征求父亲的意见。父亲只是告诉他："儿子，这是非常重要的决定，你必须自己拿定主意。"

再三考虑几天后，他决定原稿交回，一个字都不改，他告诉老师："即使得个大F，我也不愿放弃梦想。"

20多年以后，这位老师带领他的30个学生来到那个曾被他指责的男孩的农场露营一星期。离开之前，他对如今已是农场主的男孩说："说来有些惭愧。你读初中时，我曾泼过你冷水。这些年来，也对不少学生说过相同的话，幸亏你有这个毅力坚持自己的目标。"

奥格·曼狄诺说："一颗种子可以孕育出一大片森林。"

《福布斯》世界富豪、日籍韩裔商人孙正义19岁的时候曾做过一个50年生涯规划：20多岁时，要向所投身的行业，宣布自己的存在；30多岁时，要有1亿美元的种子资金，足够做一件大事情；40多岁时，要选一个非常重要的行业，然后把重点都放在这个行业上，

为自己准备明天的早餐

并在这个行业中取得第一，公司拥有 10 亿美元以上的资产用于投资，整个集团拥有 1000 家以上的公司；50 岁时，完成自己的事业，公司营业额超过 100 亿美元；60 岁时，把事业传给下一代，自己回归家庭，颐养天年。现在看来，孙正义正在逐步实现着他的计划，从一个弹子房小老板的儿子，到今天闻名世界的大富豪，孙正义只用了短短的十几年。

不少人终生都像梦游者一样，漫无目标地游荡。他们每天都按熟悉的"老一套"生活，从来不问自己："我这一生要干什么？"他们对自己的作为不甚了了，因为他们缺少目标。

生活的道理同样如此。对于没有目标的人来说，岁月的流逝只意味着年龄的增长，平庸的他们只能日复一日地重复自己。如果你想做出一番事业，取得一些成就，想成为成功的人，一定要找到自己生活的目标，并朝着目标努力奋斗。

圣经说：你定意要做何事，必然给你成就，亮光也必照耀你的路。

有一位瘦子和一位大胖子在一段废弃的铁轨上比赛走枕木，看谁能走得更远。

瘦子很是不屑，心想：我的耐力比胖子好得多，我肯定会赢。开始也确实如此，瘦子走得很快，渐渐将胖子拉下了一大截。但走着走着，瘦子渐渐走不动了，眼睁睁地看着胖子稳健地向前，逐渐从后面追了上来，并超过了他，瘦子想继续加力，但终因精疲力竭而跌倒了。

瘦子百思不得其解，不知道自己为什么会输。胖子道出了其中的奥妙："你走枕木时只看着自己的脚，所以走不多远就跌倒了。而我太胖了，以至于看不到自己的脚，只能选择铁轨上稍远处的一个目标，朝着目标走。当接近目标时，我又会选择另一个目标，然后就走向新目标。"

随后胖子颇有点儿哲学意味地指出："如果你向下看自己的脚，你所能见到的只是铁锈和发出异味的植物而已；而当你看到铁轨上某一段距离的目标时，你就能在心中看到目标的完成，就会有更大的动力。"

那么在人生的路上呢，你有目的或目标吗？你一定要有个目标，就像你无法从你从来没有去过的地方返回一样，没有目的地，你就永远无法到达。

龟兔赛跑的故事，我们都不陌生。兔子因为自满和偷懒而输掉比赛之后，一方面很没有面子；另一方面，也关起门来深刻地反省了自己，并且给自己约法三章：第一，绝不服输；第二，绝不自满；第三，绝不偷懒，全力以赴。一个月之后，兔子又找到了乌龟，要求再比赛一场，乌龟勉强同意了。在一个风和日丽的早晨，在老虎、猴子、大象等动物的监督公证之下，比赛开始了。发令枪响过之后，兔子一溜烟地飞奔而去，而且一路之上，兔子不断地自我激励："我是最棒的！我加油！我一定能成为第一！"

可是，最终的结果却是，乌龟这一次又获得了第一名，兔子又输掉了！

为什么？因为兔子跑错了方向。

现实生活中，没有方向或者跑错方向的人大有人在。很多人都坚信"天道酬勤"、"一分耕耘，一分收获"、"勤奋＋汗水＝成功"、"世上无难事，只要肯登攀"、"笨鸟先飞"等成功的格言，殊不知，这些必定成功的道理建立在一个基本前提之上，那就是正确的方向。可以说，选择比努力重要，确定方向比出力流汗重要。

1984年，在东京国际马拉松邀请赛中，名不见经传的日本选手山田本一出人意料地夺得了世界冠军，当记者问他凭什么取得如此惊人的成绩时，他说了这么一句话："凭智慧战胜对手。"

当时许多人都认为，这个偶然跑在前面的矮个子选手是故弄玄虚。马拉松是体力和耐力的运动，只要身体素质好又有耐性就有望夺冠，爆发力和速度都在其次，说用智慧取胜，确实有点儿勉强。

两年后，在意大利国际马拉松邀请赛上，山田本一又获得了冠军。有记者问他："上次在你的国家比赛，你获得了世界冠军；这一次远征米兰，你又压倒所有的对手取得第一名。你能谈一谈经验吗？"

山田本一性情木讷，不善言谈，回答记者的仍是上次那句让人摸不着头脑的话："用智慧战胜对手。"这回记者在报纸上没再挖苦他，只是对他所谓的智慧迷惑不解。

10 年后，这个谜团终于被解开了，山田本一在他的自传中这么说："每次比赛之前，我都要乘车把比赛的线路仔细看一遍，并把沿途比较醒目的标志画下来，比如第一个标志是银行，第二个标志是一棵大树，第三个标志是一座红房子，这样一直画到赛程的终点。比赛开始后，我就以百米冲刺的速度奋力向第一个目标冲去，等到达第一个目标，我又以同样的速度向第二个目标冲去。四十几公里的赛程，就被我分解成这么几个小目标轻松地跑完了。起初，我并不懂这样的道理，我把我的目标定在四十几公里处的终点线上。结果我跑到十几公里时就疲惫不堪了，我被前面那段遥远的路程给吓倒了。"

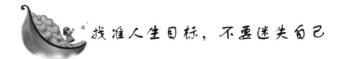

找准人生目标，不要迷失自己

一个人无论在什么时候，都要有自己的人生目标，不同的时期、不同的环境，目标也许会有所不同，这是很正常的，请找准自己的人生目标，并为之奋斗，不要迷失了自己。时时让自己对未来充满信心和希望。

人生没有目标没有方向，我们看不到未来的时候会对生活失去信心以至厌倦，但是当我们有着明确的目标，有着正确的方向时，就有工作的动力，有生活的激情。

没有目标不行，没有明确的目标也不行，有明确的目标没有正确的方向更不行。有目标并不是要我们好高骛远，不切实际，每个人都要根据自己的实际情况，踏踏实实的，一步一个脚印地往前走。有明确的目标更要有正确的方向，否则会南辕北辙，现实与理想背道而驰。

有了目标，自然会去想怎样去实现目标，但在这个过程中千万不能忽略了对周围产生的影响。追求目标的过程事实上就是一个连锁反应，所造成的最终结果往往不是我们先前所能想到的。我们都

第一章 认识自己，规划明天

知道花朵之所以能繁衍，蜜蜂扮演了极为重要的角色。然而蜜蜂是为花朵传递花粉而生的吗？当然不是，蜜蜂的工作是从花朵之中吸到蜜汁，可是在它取蜜的过程之中脚上却沾上了花粉，当它飞到另一朵花上时就把花粉传过去了，最终的结果是整个山谷开满五彩缤纷、争奇斗艳的花朵。企业家成立公司的目的在于营利，可是却提供了人们就业的机会，因而促进员工的成长和提升他们的生活水准。我们工作虽说是为了赚取生活所需，可是却因此得以让自己的孩子接受良好教育，日后成为医生、艺术家、企业家、科学家。这种连锁反应无休无止。

制订目标不是我们的目的，不是终点，制定目标是为了实现，是达到终点的手段，是指引我们的方向。追求目标的目的在于拓展人生、不断成长。实现目标并不保证能给我们永远的快乐，然而在这个过程中克服无数艰难的经历，却可使我们有最真切与最持久的成就感。制定了目标之后，最重要的一步就是立即让自己行动起来，向着把目标实现的方向拿出具体的行动，可别一拖再拖。

找到适合自己的目标本就不是一件容易的事情，而要将目标贯彻到底就更是一件困难的事。相信很多人都有过这样的经验：刚订好目标时颇有磨刀霍霍的干劲，可是过了 3 个星期后就没劲了，更别提实现目标的自信早已荡然无存。当你拟妥一项目标后，首要的步骤就是把它写在纸上，这样才能使目标具体化，遗憾的是大多数人连这么简单的步骤都不做。

确定了目标之后，随之最重要的一步就是立即让自己动起来，向着把目标实现的方向拿出具体的行动，可别一拖再拖。你先别管要行动到什么程度，最重要的是要动起来，打一个电话或拟出一份行动方案都是可行的，只要在接下去的 10 天内每天都有持续的行动。当你能这么做时，这 10 天小小的行动必然会形成习惯，最终把你带向成功。

唐太宗贞观年间，长安城西一家磨坊里有一匹马和一头驴子，它们是好朋友，马在外面驮东西，驴子在屋里拉磨。贞观三年，这匹马被玄奘大师选中，经西域前往印度取经。17 年后这匹马驮着佛经回到长安，它到磨坊看望驴子朋友。老马谈起这次旅途的经历：

浩瀚无边的沙漠、高入云霄的山岭、凌峰压顶的冰雪……那些神话般的美景使驴子听了极为惊异。驴子叹道："你有多么丰富的见闻啊！那么遥远的道路，我连想都不敢想。"老马说："其实，我们跨过的距离大体相等。当我向西域前行的时候。你一步也没停止，不同的是我同玄奘大师有一个遥远的目标，按照始终如一的方向前进，所以我们打开了一个广阔的世界。而你被蒙住眼睛，一生围着磨盘打转，所以永远走不出这个狭隘的天地。"

人，就是要有生活的目标，才能走出不一样的人生。

阿尔伯特·哈伯德说："目标如同天上的星星，也许可望而不可即。但目标却是插在地上的一个个路标，引导着我们不断前行。"

在美国西点军校的教材里，有这样一个故事：一支远征军正在穿过一片白茫茫的雪域，突然，一个士兵痛苦地捂住双眼："上帝啊！我什么也看不见了!"没过多久，几乎所有的士兵都患上了这种怪病。

这件事在军事界掀起了轩然大波，直到后来才真相大白——原来致使那么多军人失明的罪魁祸首居然是他们的眼睛，是他们的眼睛不知疲倦地搜索世界，从一个落点到另一个落点。如果连续搜索世界而找不到任何一个落点，眼睛就会因过度紧张而导致失明。

在一片白茫茫的雪域中，士兵找不到一个确定的目标而导致眼睛失明。人生也是这样，目标太多等于没有目标，没有目标，人生也就一片黑暗。为了你的人生有一片光明的前景，一定要确立一个坚定的人生目标。

有个人在沙漠探险时，某个黄昏失踪在茫茫的沙漠之中。他是为了去寻找另一个失踪者而失踪的。到第二个清晨，另一个失踪者回来了，他却没有回来。

回来的失踪者说：他曾遇到过沙暴，处境十分艰难，但他明确了自己所在的位置，他的目标是营地，所以他终于回来了。

去寻找失踪者的人，一定也遇到了沙暴，他一定也十分艰难，但他失踪的主要原因却在于：他的目标是寻找失踪者，他在一心一意的寻找中并没有固定的位置，所以他真的失踪了。有目标，才能不迷失。

没有目标的人生，就如同没有航向的大船在大海中漂流，是很难到达目的地的。想想自己走过的路，其实很像文中寻找失踪者的人，虽一直在寻找，一直在前进，方向也许不错，但具体的位置却很模糊。

常有人说计划赶不上变化，即使是这样，明确的人生目标，合理的职业生涯规划还是非常有必要的。它可以像指路明灯一样指引我们顺利前进，什么时间做什么事情，什么时间实现什么目标，有条不紊，不至于因为种种挫折而迷失前进的方向，也不至于因手忙脚乱而一无所获。

北宋佛印禅师（1032～1098年）是金山寺名僧，苏东坡被谪黄州时，佛印住庐山修禅，两个人隔江相望，互有往来，留下了不少的佳话。

一日，苏东坡和佛印谈禅，说起习禅之道，苏东坡讲得天花乱坠。他以为自己这么一讲，佛印定会和他争执一番，自己的禅学也会在辩论中得以提高。没想到，佛印禅师呵呵一笑，没有接苏东坡的话题，而是携了钓竿来到江边垂钓，说要犯杀生忌，给苏东坡改善一下生活。

到了江边，看佛印执竿垂钓，很多人都不理解，说出家人慈悲为怀，怎么也做起这杀生的事了？佛印禅师置之不理，尽管下钩。很快，佛印禅师钓竿一扬，钓上来了一条大鱼，足足有三尺长，没想到佛印禅师把鱼钩从鱼嘴中摘下后，就把鱼丢进了长江中。

这个时候，再也没有人说出家人应慈悲为怀的道理了，而是一片惋惜声。苏东坡说，一杆下去，钓上来这么大的一条鱼，可是佛印依然心中不满意，可见出家人也是有欲望的。

很快，佛印又钓出了一条二尺长的鱼，佛印依然把鱼扔进了长江中。苏东坡就评论说，这叫希望越高，失望越大！

当佛印第三次把竿扬起时，钓出来的是一条长不足一尺的小鱼。这次，佛印却极其珍贵地把鱼装进了鱼篓中。

苏东坡哈哈一笑："禅师，你这是明智之举呀！如果再把它扔掉，恐怕今天再也钓不上来鱼了！"

佛印禅师说："你为什么总是要考虑利益得失呢？你怎么没有想

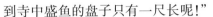

到寺中盛鱼的盘子只有一尺长呢!"

是呀! 一尺长的盘子, 只能盛放不足一尺的鱼呀!

一尺长的盘子, 只能盛放不足一尺的鱼, 所以一个人的一生中, 最重要的是瞄准适合自己的目标而努力, 否则, 使出最大的努力也得不到正果, 心中还将永远充盈着不满的情绪。做什么事都要量力而行, 就像是佛印禅师, 要做鱼必然要考虑盛放鱼的餐具的大小, 尽管三尺长的鱼是那样的诱人, 但是由于鱼盘的限制, 吃到嘴里还是要费一番周折的。与其为三尺长的大鱼作难, 倒不如吃一尺长的小鱼, 瞄准适合自己的目标, 才能尽快到达理想的彼岸。

更为重要的是, 在我们的生活中, 既然选择了适合自己的奋斗目标, 就不要为不切合实际的利益所诱惑, 因为只有适合自己的才是最科学的, 穿一双适脚的鞋子才能取得跑步冠军!

有研究显示, 世界上只有不到5%的人拥有明确的目标并能够切实实现它。越清晰、越具体的目标就越容易变为现实, 因为当心里的想法与外在的行为变得一致时, 成果更容易被巩固。一个人在成功之前必须先在心中看到自己成功的样子, 不是每个自信的人都会成为冠军, 而是那位最自信的人会成为冠军, 最自信的人, 目标比别人更清晰、更具体。

前美国财务顾问协会的总裁刘易斯·沃克曾接受一位记者访问有关稳健投资计划的基础。记者问道: "到底是什么因素使人无法成功?"沃克回答: "模糊不清的目标。"记者请沃克进一步解释, 他说: "我在几分钟前就问你'你的目标是什么'? 你说希望有一天可以拥有一栋山上的小屋, 这就是一个模糊不清的目标, 问题就在'有一天'不够明确, 因为不够明确, 成功的机会也就不大。如果你真的希望在山上买一间小屋, 你必须先找出那座山, 计算需要多少钱, 然后考虑通货膨胀, 算出5年后这栋房子值多少钱; 接着你必须决定, 为了达到这个目标每个月要存多少钱。如果你真的这么做, 你可能在不久的将来就会拥有一栋山上的小屋, 但如果你只是说说, 梦想就可能不会实现。"

关于目标, 最严酷的事情是: 95%没有明确目标的人不得不一辈子为那5%有明确目标的人打工! 你要驾驭命运还是被命运驾

驭呢？

　　没有目标，就不会知道自己想要的到底是什么，人活着就没有意义了。就好像一条船在大海中找不到方向，那么那条船会驶向大海的彼岸吗？答案是否定的。而当船确定要往一个方向靠岸时，到达目的地就只是时间的问题。但有些人会说我不知该树立一个怎样的目标，目标大了怕实现不了，太小了又觉得没意义。其实目标不在于大小，而在于你行不行动。只要路是对的，就马上行动，绝不放弃。

　　英国有一个名叫斯尔曼的残疾青年，尽管他的腿有慢性肌肉萎缩症，走路有许多不便，但是他还是创造了许多连健全人也无法想象的奇迹。19 岁那一年，他登上了世界屋脊珠穆朗玛峰；21 岁那一年，他征服了著名的阿尔卑斯山；22 岁那一年，他又攀登上了他父母曾经遇难的乞力马扎罗山；28 岁前，世界上所有的著名高山几乎都踩在了他的脚下。

　　但是就在他生命最辉煌的时刻，他在自己的寓所里自杀了。

　　为什么一个意志力如此坚强、生命力如此顽强的人，会选择自我毁灭的道路呢？

　　他的遗嘱告诉我们这样的答案：11 岁那一年，他的父母在攀登乞力马扎罗山时遭遇雪崩双双遇难，出发前给小斯尔曼留下了遗言，希望他能够像父母一样，征服世界上的著名高山。因此，他从小就有了明确而具体的目标，目标成为他生活的动力。但是当 28 岁的他完成了所有的目标时，就开始找不到生活的理由，就开始迷失人生的方向了。他感到空前的孤独、无奈与绝望，他给人们留下了这样的告别词："如今，功成名就的我感到无事可做了，我没有了新的目标……"没有了人生目标的他，因此也就感觉不到生命的意义。

　　其实，我们每一个人在这个世界上多少是有自己的目标的，尽管许多人并不一定清醒地意识到自己的目标。在生活中，目标就是人的生命的意义，没有目标，生命的一半就失却了。对于那些为目标而存在的个体来说，没有目标，也就没有了生命的价值。

为自己准备明天的早餐

不畏艰险地向目标前进

非洲西撒哈拉沙漠深处，有一片与世隔绝的绿洲，当地人称之为比赛尔。这儿的人没有一个走出过茫茫大漠，不是他们不愿意，而是他们怎么努力都没法走出去。

20世纪初，一个叫肯·莱文的西方探险家来到了这里，比赛尔人告诉他：从这里无论朝哪个方向走，最后都毫无例外地会回到出发点。莱文当然不会相信，他从比赛尔向北走，不到10天就走出了沙漠！为了弄明白比赛尔人为何走不出去，莱文又回到比赛尔，特意雇了一个当地人让他在前头带路，自己跟在后头走，并且将随身携带的指南针收起来。10天过去了，走了近500公里，他们还在沙漠里头转，第11天的早晨两人居然转回了比赛尔村！莱文终于明白了，比赛尔人世世代代走不出大漠，是因为沙漠周围没有任何参照物，而他们根本不认识可以指引方向的北斗星，自然只能在这里兜圈子，迷失在沙漠中。

比赛尔人是不幸的，他们的不幸在于找不到行走的参照物，自然也就找不到正确的方向，找不到出路，于是世世代代被茫茫大漠和自身的无知所囚禁；比赛尔人又是幸运的，莱文带着他们走出了宿命和无知的困境，并让成千上万的旅游者给他们带来了财富。

"新生活是从选定方向开始的。"你的生活目标选定了吗？你生活中的北斗星在哪里？如果你还没确定，那你就及早选择吧。

一个人要有明确的人生目标，并不是一件容易的事，但有了目标，你的人生就会更加明确。你为什么活着？你如何安排自己的生活？人生是个很大的课题，可以从工作、事业等这些具体的事情开始，你喜欢什么样的工作？你有没有确立自己的事业目标？如果连目标都无法确立，你如何对未来有信心？如果连目标都没有确立，你如何要求自己每天都要有进步？如果连目标都没有确立，你如何把握努力的方向？

年轻的时候就确定一个目标，然后坚定地朝着这个目标去努力，也许一年半载你看不出来任何变化，也许两年三年也没什么显著效果，但是五年十年后，你最终会发现，当自己坚定地走过来后，自己和那些外面刮什么风自己就下什么雨、随波逐流的人是完全不一样的。

所以一个人成就什么事业，就在于他立下什么目标，这是不容置疑的。如果你已经确立了自己的人生目标，那么去执行吧！不要让自己的梦想成为真正的黄粱一梦！

每个人都会在人生中面对三个问题：我想成为什么样的人？我想拥有什么？我想做什么？只有回答了这三个问题，才能找到自己努力的方向和奋斗的目标。

一个人只有意识到他注定要在这个世界上扮演一个角色，完成一件事时，他才可能有所作为，他的生命才算真正开始，他的生活才具有真正的意义。只有当一个人心中拥有一个符合自己价值观的使命时，他才能屹立于动荡多变的环境中，不为遍地的垃圾信息所污染，不为急功近利、浮躁轻薄之风所影响。每个人都有特殊的使命，他人无法替代，每个人的生命只有一次，实现人生目标的机会也仅止于一次。

亨利·福特说过："成功人生的整个秘诀就是发现你命中该干什么，并且着手去干。"可见，发现自己的使命，找到自己的目标，做自己喜欢做的事情是成功的重要秘诀。

在非洲和地中海一带，有一种被昆虫学家称之为行列蛾类的毛毛虫。它们从卵里孵化出来之后，就成百只地集结在一起生活。在外出觅食时，通常是一只被称为队长的带头，其他的毛毛虫头顶着前一只伙伴的屁股，一只贴着一只排成一列前进。为了防止不小心走岔路跟丢了，它们还一边爬行一边吐丝。等到吃饱了肚子，它们又排队原路返回。法国科学家做过一个有名的实验，他在一只花盆的边缘摆放了一些毛毛虫，让它们首尾相接，围成了一个圈，与此同时，在离花盆周围15厘米的地方撒了一些它们最喜欢吃的松针。由于这种毛毛虫天生有一种"跟随者"的习性，一圈圈地绕着花盆，一面吐丝一面爬行。令人吃惊的是这群毛毛虫在花盆边缘一直走到精疲力竭才停下来。其间曾经稍作休息，但是没吃没喝，它们连续走了 10 多个小时。时间慢慢地过去，一天，两天……守纪律的毛毛虫队列丝毫不乱，依然没头没脑地兜着圈子。连续 7 天 7 夜之后，它们饥饿难当，精疲力竭。一大堆食物就在离它们不到 6 英寸的地方，结果它们却一个个饿死了。

在那么多的毛毛虫中，如果有一只与众不同，它就能改变命运，告别死亡。毛毛虫的失误在于失去了自己的目标，进入了一个循环的怪圈。人又何尝不是如此呢？许多人总是喜欢跟在别人屁股后面走，对别人走的路盲目跟从，随大流，绕圈子，瞎忙空耗，终其一生。

所以改变就要有新的目标，新生活从选定目标开始。人能攀走多高首先取决于你站在哪里，但更重要的是选准方向，找准目标，持久稳健地走下去，这样才能达到"顶峰"。跟随别人无论跟多紧，也只能成为第二。走别人走过的路，将会迷失自己的脚步。

没有目标就没有动力！目标就是构筑成功的砖石，要取得成功必须确定目标。设定明确的目标，是所有成就的出发点。过去或现在的环境并不重要，最重要的是你将来想获得什么成就。有了目标，内心的力量才会找到方向。盲无目标的飘荡，终归会迷失航向而永远无法到达成功的彼岸。

大多数人之所以失败，就在于他们从来都没有设定明确目标，并且从来也没有迈出他们的第一步。

明确自己的目标并不是一件容易的事情，也是一门学问。首先你要对你想要得到的有热切的期待和欲望，所设的目标必须是可以衡量的，具有可行性，可达成、行得通；目标要清晰、细致；提前预想为了实现目标可能遇到的障碍，以及达到目标所需的知识和技能；最好能制订实现目标的详细计划，最重要的是将你的计划付诸行动，以坚定的信念支持行动。

明确的目标会让你实现人生价值

马斯洛的需求层次理论将人的需求分为生理需求、安全需求、社交需求、尊重需求和自我实现需求五类，而自我实现的需求是位于最高层次的。自我实现，实现什么？怎样实现？这就需要有明确的目标。在我们成长的过程中，周围可能有很多的目标吸引我们，让我们这也想做，那也想做，结果什么也没做好，最后一事无成。

如果有了明确的、坚定的目标，我们就会排除干扰。当你一心执著于自己目标的时候，所有的障碍都会成为垫脚石，所有的困难都会主动让步。

明确的目标可以激发出无限潜能。

"我要做总统！"克林顿17岁时就确立了这一目标，并且持续不懈地为之奋斗，终于入主白宫。"我要让每一个家庭的办公桌上都有台小型电脑。"就是这一目标让比尔·盖茨成为世界首富。"我一定要考上北京大学。"山东一个农村的小女孩，怀着这一梦想8年之后终于以山东文科第一名的成绩进入北大。

每一个人都具有无限的潜能，但如果没有明确的目标，这些潜能最终只能被湮没，没有机会发挥。

有了明确的目标，还要有坚定不移的决心、信心和毅力，就能在困难面前不动摇、不退缩，牢牢把握自己人生的方向。不考虑自己将来过什么样的生活，没有想过将来做什么样的人，没有明确的目标，生活中没有激情，工作上消极被动、敷衍应付的，人生只是用来虚度，毫无成功可言。

有什么样的目标就会有什么样的人生。如果你想要成功，就请现在立下明确的目标并付之行动，成功，就在不远处等着你！

有一位父亲带着三个孩子，到沙漠去猎杀骆驼。

他们到达了目的地。

父亲问老大："你看到了什么呢？"

为自己准备明天的早餐

老大回答："我看到了猎枪、骆驼，还有一望无际的沙漠。"

父亲摇摇头说："不对。"

父亲以相同的问题问老二。

老二回答："我看到了爸爸、大哥、弟弟，猎枪、骆驼，还有一望无际的沙漠。"

父亲又摇摇头说："不对。"

父亲又以相同问题问老三。

老三回答："我只看到了骆驼。"

父亲高兴地点点头说："答对了。"

猎人打猎要做到眼里只有猎物，而一个人若想走上成功之路，心里必须只有自己明确的目标。目标一经确立之后，就要心无旁骛，集中全部精力，勇往直进。

在一座寺里有一个小和尚，每天他都要去寺后很远的市镇上购买寺中一天所需的日常用品。而其他小和尚则被派到山前的市镇购物，路途平坦距离也近，但却还没他回来得早。

一天，方丈问这几个小和尚："我一大早让你们去买盐，路途这么近，又这么平坦，怎么回来得这么晚？"几个小和尚说："我们说说笑笑，看看风景，就到这个时候了。10年了，每天都是这样啊！"方丈又问那个小和尚："寺后的市镇那么远，你又扛了那么重的东西，为什么回来得要早呢？"小和尚说："我每天在路上都想着早去早回，因为肩上的东西重，所以走得稳走得快。10年了，我已养成了习惯，心里只有目标，没有道路了！"方丈听后大笑，说："只有目标才能催人奋进！"

甲和乙在空地上走着，甲对乙说，我和你比往前走，走100步，看谁走得直。乙先走，他非常仔细地看着自己的脚，走得非常慢，力争每一步都不走偏，等他走完100步，抬起头回身看，已偏离原来的方向很多。轮到甲了，他信步往前走去，100步很快走完了，却走得非常直。乙不解地向甲问甲窍门。甲说："很简单，看到远处那根旗杆没有，看着那根旗杆走便不会错了。"找准目标，才不会走偏。

目标有助于我们提高工作效率和积极性，避免有付出却没有回

29

报的情况发生。如果你制订了目标，又定期检查了工作进度，自然就会把重点从工作本身转移到工作成果，单纯只用工作来填满每一天，这是不能让人接受的。只有做出足够的成果来实现目标，才是衡量成绩大小的正确方法。

不成功的人常常混淆了工作本身与工作成果。他们以为大量的工作，尤其是艰苦的工作，就一定会带来成功。但任何活动本身并不能保证成功，也并不一定是有利可图的。所以一项活动要产生效果，就一定要明确一个目标，也就是说，成功的尺度不是做了多少工作，而是做出了多少的成果。

人如果只是盯着眼前看，看不到自己的远方是很可怕的，有了远方才会有人生追求的高度，而人一旦有了追求，远方也就不再遥远。每个人都应该有一个能够让自己信服且为之奋斗的目标，这个目标并不一定是个确定的值，而是自己设定的在将来的某个时间点要达到的职业成就及社会阶层。

目标总是你还没有达到的，看上去是很遥远的。但是如果你懂得如何看待，它便不再可怕，而会成为你奋斗的发动机及人生导航。

当你明确了你的人生目标，你要懂得将它分解，这样，你就不需要天天想着那个离你遥远的总目标而沮丧，而只是想着离你现在最近的那个目标，就像游戏过关一样，一关一关地过了，随着时间的推移，实现你的人生目标一定是水到渠成。当你明确了你的人生目标，你便找到了人生的主流，也就找到了奋斗的方向。你便会明白：做什么事情是重要的，什么事情是不重要的；什么样的知识是你必须掌握的，什么样的知识你不掌握也没关系；这样你就能集中所有精力向成功出发。

如果一个人没有明确的目标，那么在人生的路上，他就犹如一艘轮船在大海中迷失了方向，在海上打转，它很快就会把燃料用完仍然到达不了岸边。事实上，它所用掉的燃料足以使它来往于海岸和大海好几次。想一想，这将是多么可怕的事情！然而，你可曾想到，大多数人都是在没有"明确目标"或"明确计划"的情况下接受了教育，然后找到一份工作，或开始从事某一种行业。

没有明确目标的生命肯定会被浪费在空虚和没有意义的美梦之

为自己准备明天的早餐

中，我们到处都能看见那些"忙碌的纨绔子弟"，"匆忙的懒人"和"没有目标的好事者"。许多在高中生活中非常优秀、为了考上大学而不懈奋斗的青年，在考上大学之后、在步入社会之后却寻找不着生活的目标，从而充满不满与牢骚，降低了工作质量，终于堕落成为一个碌碌无为的人。

华特·克莱斯勒决定要在汽车制造业有所作为，确定了这个目标后，他用毕生的积蓄买了一部车，他想要从事汽车制造，必须彻底了解汽车的构造与性能。他把汽车拆开再重新组合起来，耗费了许多时间。他的举动使朋友们感到非常惊异，大家都认为他的心理有问题。然而，他却不以为然。他坚持目标，费尽心血，倾尽所有，始终如一地钻研汽车构造，终于开发出性能更加优良的新车型，投放市场后大受欢迎。他的企业终于在汽车制造行业赢得一席之地。

克莱斯勒的成功让我们了解到，教育程度不高或资金不足，都不能影响你选择人生的目标。明确的目标让"不可能"这句话失去作用，它是所有成功的起点。不用花一毛钱，每个人都可以轻易拥有，只要你下定决心，确实执行。

在一个院子里有一堵断墙，墙的这面有一只蚂蚁在寻找食物，在墙的背面就是蚂蚁急需的可口佳肴。这只蚂蚁就沿着墙往上爬，想翻过墙去品尝美味食物，刚爬到一半时，因气力不继，从墙上摔落下来。这只蚂蚁爬起来，拍拍灰尘，又继续往上爬，爬到一半时，又从墙上掉下来，它毫不气馁，又继续往上爬，三次、四次、五次……可是最终它也没有成功。

同样是这个院子，同样是这堵墙，墙的对面同样是要寻找的食物另外一只蚂蚁。一开始，这只蚂蚁同样经历了失败的过程，不过，在摔落几次后，这只蚂蚁没有继续往上爬，而是东爬爬，西瞧瞧，最后沿着墙角爬到墙的背面，品尝到了美味的食物。

同样的院子，同样的墙，为什么第一只蚂蚁失败，而第二只蚂蚁会成功呢？这是因为第一只虽然非常认真努力，但由于方向目标不正确，终是离成功相差几步。而第二只经过努力徒劳无益后，不是一直做无用功，而是通过观察，进而对方向进行调整，再加上努力，最终获得成功。

在现实生活中，许多的人又何尝不像故事中的第一只蚂蚁呢？整天默默工作，辛勤劳动，由于没有设定自己的奋斗方向、奋斗目标，做了一辈子，还是在原有的岗位上工作，用一个词来形容，叫碌碌无为，或叫做无益而终。

有两个人都想掘井取水，他们就拿起铁锹往地下挖，挖到 3 米时，地下没水出来，又接着向下挖，5 米下去了，还是没水出来，8 米，还是没水。两人又苦又累，其中一人支持不住，对另一人说："我俩挖了这么深，还没有水，这儿肯定没水，我们换个地方去挖。"另一个说："你去吧，我再坚持一会儿。"第一个人就换了个地方再挖，挖了一会儿，看看没有水，又换了个地方再挖，最终没挖出一点儿水。而另一个没有放弃，一直朝着一个方向继续挖，10 米，没水，12 米，没水，挖到 15 米时，地下终于冒出了水。故事中，两个人的方向都很明确，就是要挖出水来，第一个因为没有坚持住，最终没挖出一点儿水来；第二个坚持了，通过不懈的努力终于获得了成功。所以有了目标还要坚持不懈地向目标努力。

成功是每个人的追求和向往，只要人人目标明确，努力奋斗，相信每个人都能成功，成功 = 目标明确 + 努力行动。

每个人都想成功，但并不是每个人都知道该怎么做。在生活中，许多人之所以不能成功，缺少的不是能力，而是明确的目标。

人的一生就像在海洋中行驶的一条船，给船设定明确的航行目标，这条船才能到达目的地，设定明确的人生目标，就是为你这条船确定航行的目的地。

一个人没有明确的目标，就好像一条船在海里漂荡。因为没有它的目标港，那么不管这条船漂了多久，有多少经历风浪的经验，它始终不会到达目的地。即使这条船有很好的现代化设备，有强大的发动机动力，有训练有素的船长和船员，因为没有明确的目标，它只能东飘西荡，始终不能到达最后的港湾。一个人也一样，不论他有多么聪明，上过大学或研究生，也不管他是多么有经验，人生阅历多么丰富，只要缺乏了人生目标，他一生肯定难成大事。

明确的目标要伴随着计划和行动，光有想法就不算是目标，你一定要对这个想法制订出相应的计划来实现，付诸实际行动，行动

为自己准备明天的早餐

这句话说起来简单，但是做起来很难。

唐骏放弃自己创立的公司准备加盟微软的时候，他的目标很明确，就是要在微软方面学习国际大型企业的管理之道。当他把这个想法告诉家人亲戚的时候，所有人都不能理解，甚至是父母、妻子：明明有自己的公司还去别的公司打工？但是唐骏为了自己的目标而克服了这些困难，最终进了微软，成就了今天的打工之王。

人生很短暂，如果你没有航行目标的话，你可能要浪费几年、几十年甚至一辈子的时光。所以如果你现在还没有明确的目标，你应该放下你手头上的所有事情，好好思考一下了。

第一章　认识自己，规划明天

第二章　点燃梦想，照亮明天

　　人生不能无梦，世界上做大事业的人，都是由梦得来，无梦则无望，无望则无成，生活也就没有兴趣。

 ## 读书是拥抱理想的一条捷径

林语堂先生说:"人生不能无梦,世界上做大事业的人,都是由梦得来,无梦则无望,无望则无成,生活也就没有兴趣。"这里的"梦",即是"理想"。读书是拥抱理想的一条捷径。

很多人都知道世界首富比尔·盖茨大学没毕业就中途辍学去创业,但很少有人知道,比尔·盖茨其实也是一个饱读诗书的人,甚至在年仅9岁的时候,就已经读完了大部分的百科全书,甚至在天文、地理、历史等众多领域都达到了精通的程度。而从事计算机软件行业数十年,比尔·盖茨所读的各类书籍更是不计其数。

同样,曾经在排行榜上当过两天世界首富,拥有300亿美元位居亚洲首富的互联网天才孙正义也是一个学富五车的人,他除了财富还有另一项令世人瞩目的成就,那就是在23岁患肝病期间,利用短短两年时间,在病榻上阅读了4000本书籍,并根据从书中领会到的精髓加上自己的感悟撰写了从事40种行业的可行性方案,并从书中总结出一条真正适合自己的创业模式。而由此展开了一场长达数十年的,利用计算机互联网征服世界的伟大创举,同时成为唯一一位能与世界首富比尔·盖茨抗衡的亚洲富豪。

读书是一个人成才的最好途径。让我们再来看看科学家爱因斯坦的故事。

1895年初,大地回春,万物复苏,可爱因斯坦忧心忡忡,眼前的美景丝毫不能引起他的兴趣。他已经16岁了。根据当时的法律,男孩只有在17岁以前离开德国才可以不必回来服兵役。爱因斯坦猛然意识到他必须离开德国。可是,他中学还没毕业。半途退学,将来拿不到文凭怎么办呢?一向忠厚、单纯的爱因斯坦,情急之中竟想出一个自以为不错的点子。他请数学老师给他开了张证明,说他数学成绩优异,早已达到大学水平。他又从一个熟悉的医生那里弄来一张病假证明,说他神经衰弱,需要回家静养。爱因斯坦以为有这两份证明，就可以逃出这厌恶的地方。谁知，他还没提出申请，训导主任却把他叫了去，以败坏班风、不守校纪为由勒令他退学。

爱因斯坦脸红了，但不管出于什么原因，只要能离开这所中学，他都心甘情愿，也顾不得什么了。那一年，他告别生活了 14 年的慕尼黑，踏上了开往意大利的列车。

1895 年春日里的一天，一列火车喷着白气停靠在意大利米兰，斜靠在窗边的一个少年猛然从沉思中惊醒。啊！这就是米兰，这里有自己的家人，有自己向往的自由，青山绿水、白云飘飘，想起自己总算如愿以偿地逃出了德国那个牢笼，他禁不住长长地舒了一口气。

一路上，爱因斯坦透过火车车窗浏览着意大利的风光。只见一群群行人衣衫褴褛，却精神饱满地不知走向何方，他们大多都牵着毛驴，驴背上是他们的全部家当。

"他们这是去哪儿啊？"爱因斯坦好奇地问旁边一位乘客。

"到海外去寻找幸福啊。"那人说。

"真有意思。"爱因斯坦心里暗自思忖，"他们去海外找幸福，而我却到他们这里来。到底什么地方才是真正的幸福所在呢？"

那时的美国正处在大发展的时期，有大片的原野等待人们去开垦，飞速发展的工业也需要大批的工人。欧洲的很多人就是在那个时候到美国去实现自己的梦想的。

幸福的确不是爱因斯坦想象的那么简单，一下火车，迎接他的是父亲那张忧郁的脸。原来他不能在当地上学，那里的德语学校只收 13 岁以下的学生。而没有中学毕业文凭是不能进大学的。爱因斯坦毕竟还是个孩子，对他来说，这些忧虑还比不上这片新鲜土地给他的惊喜。意大利的确是一个迷人的地方，历史悠久，文化繁荣，古希腊、罗马的庙堂、博物馆、绘画陈列馆、宫殿和风景如画的农舍……人们愉快好客，举止无拘无束，他们干活或闲逛，他们高兴或吵架，都同样地感情奔放、手舞足蹈，到处都可以听到音乐、歌声和生机勃勃的悦耳的歌声。爱因斯坦终于能游离在学校大门之外，尽情地享受着这里和煦的阳光和绚丽的色彩，精神自由的感觉让爱因斯坦变成了一个活力四射的皮球，充满生命的弹性。

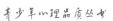
然而这毕竟不是长久之计，父亲的生意每况愈下，他已经拿不出更多的钱供儿子读书。爱因斯坦必须对自己的未来做出规划了，他喜欢数学和物理学，可如何进入大学却是个难题。这时他得到一个消息：瑞士的苏黎世联邦工业大学，不要求学生必须有中学毕业文凭。这年10月，他登上开往苏黎世的列车，去参加联邦工业大学的入学考试。结果除数学和物理十分出色外，其他科目他考得都不理想。他只好接受校方建议，到附近的一座小镇上去补习中学课程。

小镇依山傍水，风景秀丽，这里的中学也与德国不同，他们尊重学生，努力向学生展示知识和科学的魅力，让他们的智力自由地发展，激起他们的求知欲望。

爱因斯坦有生以来第一次喜爱学校了。老师这样亲切，学生可以自由地提问、研究问题。爱因斯坦变了：慕尼黑那个怯生生、不多说话的少年，现在变成了一个笑声爽朗、步伐坚定、情绪激昂的年轻人。在《我未来的计划》一文中，他满怀热情地表达了自己对未来的期望，为自己的未来描绘了一幅美好的蓝图。为了实现自己心中的梦想，爱因斯坦从不愿意学习变成了一个主动学习、渴求知识的人，正是这一变化，使他领略到了在知识海洋里遨游的巨大乐趣，并从此走上一条伟大的科学研究发明的大道，最终成为一代科学巨匠。

今天的时代虽然不同了，但拥抱理想依然至关重要。有理想，有抱负的人，不管你是在学校还是走入社会，不管你的生存环境多么糟糕，不管你的学习条件如何不好，只要你想改变自己，你就一定能实现自己的梦想。

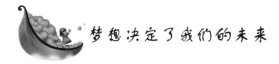

梦想决定了我们的未来

青少年时期是我们人生的关键时期！我们必须谨记一个重要的理念：我们是自己生命的建筑师，现在设定的梦想和蓝图决定了我们未来的形象！我们未来的前途和命运都掌握在我们自己的手中！

今天买到去哪里的车票，决定了明天你将到达哪里！

人生犹如夜航的船，没有灯塔的指引，将失去航向。

很多人都看过《大长今》这部电视剧，剧中的女主角长今为什么可以不断战胜自我，不断战胜环境？7岁的长今为什么可以进宫？8岁的长今为什么可以手捧水盆熬过通宵的惩罚而获得考试资格？在多栽轩那让人绝望的地方，为什么长今能被破例召回宫中？在崔氏家族的多次迫害之下，为什么长今仍能振作精神？

这要感谢长今的母亲，这位伟大的母亲在离开人世前，送给女儿一个最大的理想，一个超值的礼物，那就是给长今树立了一个伟大的梦想——当最高的尚宫娘娘。

有了这个梦想，当种种磨难来临时，长今只要一想起自己的梦想就全身充满了力量，这个梦想给了长今战胜自我、战胜环境的勇气。

但是有很多人却因为年轻的时候没有梦想，而给自己的人生留下了遗憾。

少年时期虽然青涩，却往往是梦想的诞生地；40岁练达，但经常成为埋葬梦想的坟墓。到了80岁，人之将去，仔细回昧，好像还有什么没有完成，发现梦想都留在了20岁的青春岁月里。

美国黑人马丁·路德·金之所以伟大，是因为他梦想黑人与白人一样平等、自由；孙中山之所以伟大，是因为他毕生都在实践推翻禁锢中国人民几千年的封建帝制的梦想；邓小平之所以伟大，是因为他亲手设计的强国梦真的让十几亿中国人强大起来。

人，因梦想而伟大！无论我们从事任何一种行业，最主要的是要心存梦想，保持积极的心态，我们就可以步入成功。

有梦想才会成功，天上永远不会掉馅饼，只有自己奋斗，才能得到又大又香的馅饼。

有人认为成功是一种幸运，他们整天无所事事，等着成功的大馅饼砸到自己头上。不错，有的歌星、影星确实看似一夜走红，但他们都有一段不为人知的奋斗历程，他们将无数的汗水与泪水洒在了他们通往成功的路上。他们付出了比常人更多的辛勤，他们怀着梦想，努力拼搏，才能获得成功。

出生在亚拉巴马伯明翰种族隔离区的赖斯，因为是黑人，所以从小受到白人的歧视。但她牢记着母亲的话："要改变自己低下的社会地位，只有比别人做得好、更好，你才会有机会。"从此，她怀着梦想，努力学习，因为她坚信只有教育才能让自己获得知识，做得比别人更好。教育不仅是她自身完善的手段，还是她捍卫自尊和超越平凡的武器！最终，她通过自己的拼搏，成为了美国国务卿，荣登"福布斯"杂志"2004 年全世界最有权势女人"的宝座。

赖斯的成功正如其母亲所言，只要你有梦想，并为之奋斗，你就可能做成任何大事！

请以梦想做指路明灯，带上一份自信，背上拼搏与奋斗的背包，迎着灿烂的阳光就此启程，踏上一条寻找成功的路吧！有梦想才会成功！为了梦想，努力拼搏吧！爱拼才会赢。请相信，成功终将属于你！

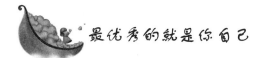

最优秀的就是你自己

只要你从小立志成为最优秀的人，你就能成为最优秀的人，人生成就的大小，和青少年时代的梦想有着非常密切的关系。你为自己的人生设计了一个什么样的梦呢？

励志大师康威尔在他的《钻石宝地》一书中讲述了这样一个令人深思的故事：

古时候，有一个波斯人住在离印度河不远的地方，他叫阿里·哈菲德。阿里有一个很大的农场，有果园、田地和花园，他还借钱给人收取利息，他因富裕而知足，也因知足而富裕。

一天，一个僧侣拜访了阿里，这僧侣是一位来自东方的智者。他在火边坐下后，便给阿里讲述我们的世界是怎样形成的。

他说，当初这个世界不过是一团雾，万能的神将一个手指插进这里慢慢向外搅动，越搅越快，直到最后把这团雾搅成一个结实的火球。然后，火球在太空中滚动，燃烧着滚过其他的一团团雾，火球四周的水气凝结起来，直到大雨滂沱，降落在高温表面，使得外层的壳冷却。后来，里面的火球冲破了外壳，耸起了山脉、丘陵，形成了山谷、草场，这才有了我们这个美丽的世界。

熔融的物质从火球里冲出来，迅速冷却的就变成了花岗岩，随后冷却而成的是铜，然后是银，接下来是金，金之后，钻石形成了。

僧侣说："一块钻石就是一束凝固的阳光。"现在看来，这种说法在科学上也是正确的，因为钻石其实是来自太阳的碳沉淀而成。僧侣告诉阿里，如果他有拇指大的一块钻石，他就能买下这个国家；如果他有一个钻石矿，他就能凭巨大的财力让他的孩子们登上王位。

阿里·哈菲德听了钻石的故事，知道它们价值连城之后，当晚睡觉的时候，就感觉自己已经是个穷人。他并没有丢失任何东西，却因为感到不满足而觉得贫穷。他暗暗发誓："我想要一个钻石矿！"这夜，他失眠了。

第二天清早，阿里将僧侣从梦乡中摇醒，对他说："请你告诉我哪里能找到钻石？"

"钻石？你要钻石干什么？"

"当然是想非常非常富有！"

"那么，好，去找钻石吧。你该做的就是：去找它们，然后你就会拥有它们。"

"但是我不知道到哪儿去找！"

"嗯，如果你找到了一条河，河水从白色的沙子上流过，两边是高山，你就能在这些白沙子里找到钻石。"

"我不相信有这样一条河。"

"有的，这样的河很多。你该做的就是去寻找它们，然后你就会拥有钻石。"

阿里说："好，我去！"

于是，他卖了农场，索回了贷款，将家人托给一个邻居照管，在一个迷蒙的清晨就上路去寻找钻石了。我想，他肯定是在月亮山开始找的。然后他来到巴勒斯坦，接着辗转进入欧洲，最后，他分文未剩，衣衫褴褛，困苦不堪。一天，他站在西班牙巴塞罗那海湾的岸边，一个大浪向他打来，这个可怜的人饱经苦难，抵抗不住这种可怕的境况，便跳进了迎面而来的潮水中，淹没在白沫翻滚的浪涛下，再也没有站起来。

在阿里死后不久，买了阿里农场的人牵着骆驼到花园里饮水，园里的小溪很浅，当骆驼将鼻子伸到水里的时候，阿里的后继人发现小溪底部的白沙子里有一道奇异的光芒。顺着这道光芒，他挖出了一块黑色石头，只见它熠熠发光，如彩虹般绚烂。他把这块石头拿进屋里，放在中央的壁炉架上，随后就把它忘了。

几天后，那位僧侣来拜访阿里的后继人，一开客厅的门，就看见了壁炉架上的那道闪光，他冲过去，喊道："这是钻石！是阿里·哈菲德回来了吗？"

"啊，没有，阿里·哈菲德没有回来，那也不是钻石，不过是块石头，就在我们家的花园里找到的。"

"但是，"僧人说，"我告诉你，我认识钻石，我可以肯定它就是钻石。"

然后，他们一块冲到花园里，用手将白沙子挖起来，天啊！他们发现了一块更美丽、更有价值的宝石。

戈尔康达钻石矿就是这样发现的，这是人类历史上价值最大的钻石矿，胜过金伯利。俄罗斯沙皇皇冠上的奥尔洛夫钻石——世界上最大的钻石，就是从这个钻石矿挖掘出来的。

看完这个故事，你可曾想过，也许你自己也是一个钻石矿，只是没有花时间看清自己。人们往往不断地欣赏别人身上美好的东西，却忽略了自己，也许自己身上有比他们更好的东西！

让我们再来看看另一个故事：

古希腊的大哲学家苏格拉底在临终前有一个不小的遗憾——他多年的得力助手，居然在半年多的时间里没能给他寻找到一个最优秀的关门弟子。

事情是这样的：苏格拉底在风烛残年之际，知道自己时日不多了，就想考验和点化一下他的那位平时看来很不错的助手。他把助手叫到床前说："我的蜡所剩不多了，得找另一根蜡接着点下去，你明白我的意思吗？"

42

"明白，"那位助手赶忙说，"您的思想光辉是得很好地传承下去……"

"可是，"苏格拉底慢悠悠地说，"我需要一位最优秀的传承者，他不但要有相当的智慧，还必须有充分的信心和非凡的勇气……这样的人选直到目前我还未见到，你帮我寻找和发掘一位好吗？"

"好的，好的。"助手很温顺、很尊重地说，"我一定竭尽全力地去寻找，以不辜负您的栽培和信任。"

苏格拉底笑了笑，没再说什么。

那位忠诚而勤奋的助手，不辞辛劳地通过各种渠道开始四处寻找老师的继承者。可他领来一位又一位，总被苏格拉底一一婉言谢绝了。有一次，当那位助手再次无功而返地回到苏格拉底病床前时，病入膏肓的苏格拉底硬撑着坐起来，抚着那位助手的肩膀说："真是辛苦你了，不过，你找来的那些人，其实还不如你……"

"我一定加倍努力，"助手言辞恳切地说，"找遍城乡各地、找遍五湖四海，我也要把最优秀的人选挖掘出来，举荐给您。"

苏格拉底笑笑，不再说话。

半年之后，苏格拉底眼看就要告别人世，最优秀的人选还是没有眉目。助手非常惭愧，泪流满面地坐在病床边，语气沉重地说："我真对不起您，让您失望了！"

"失望的是我，对不起的却是你自己。"苏格拉底说到这里，很失意地闭上眼睛，停顿了许久，才又不无哀怨地说，"本来，最优秀的就是你自己，只是你不敢相信自己，才把自己给忽略、给耽误、给丢失了……其实，每个人都是最优秀的，差别就在于如何认识自己、如何发掘和重用自己……"

话没说完，一代哲人就永远离开了他曾经深切关注着的这个世界。

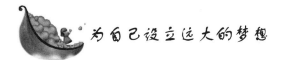
为自己设立远大的梦想

一个杰出的青少年，应该是一个有着远大志向的人。因为一个人追求的目标越高，他自身的潜能就越能得到充分的发挥，他的才能就发展得越快。人之伟大或渺小都决定于志向和理想。伟大的毅力只为伟大的目标而产生。

美国著名畅销书作家斯宾塞·约翰逊认为，理想如果是笃诚而又持之以恒的话，必将极大地激发蕴藏在你的体内的巨大潜能，这将使你冲破一切艰难险阻，达到成功的目标。

《圣经》中有这样一段话：去追求吧，这样做了将有所获。去探索吧，这样做了将有所发现。凡追求者得，凡探索者获。

理想是以现实为根据的一种理性想象，是人们对自己、对社会发展的设想与追求。崇高的理想必然会产生巨大的力量。一个具有远大理想的人，一般同时具有坚定不移的决心、信心和毅力，在困难面前不动摇、不退缩、不迷失方向。理想远大的学生一般都有较强的成就动机，其积极性、自觉性、主动性、意志力都较强，因此，学习成绩就优异。相反，不考虑自己将来做什么工作，没有想过将来做什么样的人，没有明确目标的学生，表现在学习上是消极被动、敷衍应付的，成绩也多不理想。

因此，要树立远大的理想，就要不断地、反复地问自己：

我为什么要学？

我将来要为这个社会做些什么？

我将来准备成为一个什么样的人？

把你思考的答案工工整整地写下来，贴在客厅墙上或床前、写字台前，使自己经常看到，以便自我激励。

我国杰出的生物学家童第周，在学生时代，就确立了"中国人不是笨人，应该拿出东西来，为我们民族争光"的学习目的，使自己的学习热情越来越高。他在比利时研究实验胚胎学时，同宿合住着一个研究经济学的俄国人，他很瞧不起中国人，嘲笑中国人是"东亚病夫"。童第周愤怒地对他说："不许你侮辱我的祖国，这样好不好，你代表你的祖国，我代表我的祖国，从明天起，我不去实验室，和你一起研究经济学，看谁先取得学位。"那个俄国人不敢应战，赶紧溜掉了。经过 4 年努力，童第周以优异的成绩取得了博士学位，他尤其擅长于在显微镜下做当时外国人还不能做的精细手术，

为自己准备明天的早餐

得到了欧洲生物界的赞扬，受到世界许多专家的瞩目。

年轻的数学家肖刚，上小学时就确立了攀登科学文化高峰、为祖国富强做贡献的学习目的。他只读到初二就到农村劳动，他凭着顽强的自学，达到了大学水平，1977年10月被破格录取为中国科技大学研究生。肖刚于1984年获法国博士学位，回国后仅两年就被聘为教授，同年被国务院学位委员会批准为博士生导师，成为我国最年轻的博士生导师之一。

革命家李大钊说过："青年啊，你们临开始活动以前，应该定定方向。比如航海远行的人，必先定个目的地。中途的指针，总是指着这个方向走，才能有达到那目的地的一天。"

目的不明确的学生，如同没有方向的航船，只是随波逐流，不可能到达理想的彼岸。有时候，一句话就会使你产生一个梦想。知心姐姐卢勤在她的书中讲了这样一个故事：

有一男一女两个中学生认识了一位生物学家。生物学家告诉他们，中国有一种叫白头叶猴的濒危动物，仅在我国广西有200只。现在人们要去了解它们的生活习性以保护这些野生动物，结果这两个孩子就有了一个梦想。他们从2003年开始，利用寒暑假去跟踪调查白头叶猴。

调查的环境非常艰苦，茫茫的原始森林是野兽和虫子的天堂。每天睡觉之前都得先抖抖被子看里头有没有蛇，早晨起来先抖落抖落脚上的鞋看看有没有蝎子。这种猴是很难看到的，有一些老猎人一辈子都没看到过，所以他们的追踪很辛苦。有一天，他们太累了，那个叫董月的女孩儿，一屁股坐在地上，她突然觉得腿刷刷地有东西在爬，原来她坐在了蚂蚁窝上……这种事他们遇到了许许多多，但是他们只有一个梦想，一定要研究出白头叶猴的生活习性，一定要保护我们国家仅有的这200只白头叶猴。3年的寒暑假，他们都是在大森林里度过的。

最近，这两个孩子的论文在美国纽约的世界少年科学家大会上获得了一等奖。今年，男孩儿进了清华大学，女孩儿进了北京大学。

亲爱的朋友，你有什么样的远大的梦想呢？如果没有，你一定要为自己设立一个远大的梦想。同时，你要实现你的梦想，第一步就是要好好读书。在读书的过程中，梦想会给你带来强大的动力！因此，你的人生不能没有梦想。

正如著名的教育家徐特立所说，一个人有了远大的理想，就是在最苦难的时候，也会感到幸福。

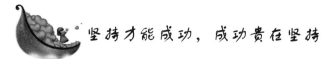

坚持才能成功，成功贵在坚持

坚持才能成功，成功贵在坚持。珍贵的雪莲总开在万丈冰崖之上，只有那些不畏严寒、坚持不懈的人才能得到；绝美的风景总藏在陡峭的险峰之巅，只有那些敢于攀登、不断超越的人才能欣赏。成功是经受住冰刀霜剑的洗礼，从坚硬的土壤中钻出的第一棵新芽；成功是穿越了狂风巨浪的阻挡，安全抵达海港的风帆。成功的获得，需要一种百折不回的自信。其实，人生的过程就是一个不断坚持、不断积累的过程。"合抱之木，生于毫末；九层之台，起于垒土；千里之行，始于足下。"只要有不断坚持走下去的决心和毅力，每个人都能够抵达心中的目标。

在伦敦一家科学档案馆里，陈列着英国物理学家法拉第写了10年的一个日记本。这本日记非常奇特，第一页上写着："对！必须转磁为电。"以后，每一天的日记除了写上日期以外，都是写着同样一个词："No"。整整10年，每篇日记都如此。只是在日记本最后一页，才改写上一个新词："Yes"。原来，当丹麦物理学家发现金属线通电后可以使附近的磁针转动时，法拉第就在深思：既然电流能产生磁，那么，磁能否产生电流？法拉第决心研究这一课题，并决心用实验来回答。经过实验——失败——再实验……法拉第终于成功了。他在历史上第一次用实验证明了磁也能生电。这一著名原理（电磁感应原理）导致了发电机的诞生。

法拉第在这本写了长达10年的日记中，真实地记录了他不断失败和最后获得成功的过程。那一天天所写的"No"，就是一次次的失败，那最后一天所写的"Yes"，就是实验的最终成功。是失败之后的坚持，换来了最后的成功。

爱迪生说得好："失败也是我所需要的，它和成功一样对我有价值。"是的，失败，并不表明你永远无法成功，而是表明你还要花些时间；失败，并不表明你一无所获，而是表明你得到了宝贵的经验；失败，并不表明你能力低下，而是表明你也许要变换方式、另辟蹊径。

人人都渴望成功，但是生活中难免失败。面对失败，我们该做什么？法拉第的经历告诉我们成功者应有的品质——不惧失败，坚持到底。

"拼命去争取成功，但不要希望一定会成功。"努力做到最好，但是也要有面对失败的勇气和百折不挠的精神，这样，你就是一个勇者，就是一个强者。

人生一路走来，有谁没经历过坎坎坷坷？有谁没遭受过失败？但我们要坚信这些失败，都是为了"成功"这个最后目标。失败多了，只要坚持下来，也是一个成功。人生虽经历了坎坎坷坷，但能走完，也算成功了。

成功贵在坚持，很多事情，只要你坚持下来，意外就在你身边，成功就在你眼前。一个汽车推销员在试用期的最后一天也没有推销出去一辆车，本该是无希望的了。但他还不放弃，坚持最后一刻，他成功了。再举个例子说吧，有个男人爱上一个女人，但那个女人要那个男人等她七七四十九天。那个男人答应了，于是天天等、天天盼。但就在最后一天时，他失望了，没等到最后一刻就走了。结果，就在那最后一刻，那个女人出现了。结果不用说，那个男人失败了。

成功贵在坚持，不管是事业还是爱情都是如此。

一个文质彬彬、充满才气、富有冒险精神、对朋友真诚、友善的小男孩伴着他那传奇的经历，征服了全球亿万读者。你知道他是谁吗？他就是哈利·波特，英国女作家罗琳所创作的"哈利·波特系列小说"中的主人公。你想知道罗琳是怎样完成这部小说的吗？

和其他作家一样，年轻的罗琳酷爱写作，是一个天真烂漫、充满幻想的英语教师。幸福的家庭、称心的工作都足以让罗琳满足。

第二章 点燃梦想，照亮明天

47

可没想到，甜蜜的家庭、美满的婚姻和理想的工作在一瞬间变成了昨日云烟。丈夫离她而去，工作没有了，居无定所，身无分文，再加上嗷嗷待哺的女儿，罗琳一下子变得穷困潦倒。但是家庭和事业的失败并没有打消罗琳写作的积极性，用她自己的话说："或许是为了完成多年的梦想，或许是为了排遣心中的不快，也或许是为了每晚能把自己编的故事讲给女儿听。"她成天不停地写呀写，有时为了省钱省电，她甚至待在咖啡馆里写上一天。就这样，第一本《哈利·波特》诞生了。然而，罗琳向出版社推荐这本书的时候，却遭到了一次又一次的拒绝，没有谁对这本写给孩子的童话书感兴趣。可罗琳并不气馁，直到英国学者出版社出版了第一本《哈利·波特》，创下了出版界的奇迹，这本书被翻成 35 种语言在 115 个国家和地区发行，引起了全世界的轰动。

罗琳成功了，可谁又知道，这成功的背后饱含着多少辛勤的汗水和艰难。如果在她穷困时她放弃了，如果她在被拒绝几次后没有再坚持，恐怕我们将不会看到可爱的哈利·波特了。成功的道路并不是一帆风顺的，但只要我们有信心、有热情、有目标、能够持之以恒地坚持努力，成功就会一步一步向我们走来。

古希腊的大哲学家苏格拉底对学生说："今天咱们只学一件最简单也是最容易做的事。每人把胳膊尽量往前甩。"说着，苏格拉底示范了一遍，"从今天开始，每天做 300 下，大家能做到吗？"学生们都笑了，这么简单的事，有什么做不到的！过了一个月，苏格拉底问学生们："每天甩 300 下，哪些同学坚持了？"有 90% 的同学骄傲地举起了手。又过了一个月，苏格拉底又问，这回，坚持下来的学生只剩下八成。一年后，苏格拉底再一次问大家："请告诉我，最简单的甩手运动，还有哪几位同学坚持了？"这时，整个教室里，只有一人举起了手。这个学生就是后来成为古希腊另一位大哲学家的柏拉图。

成功贵在坚持，这是一个并不神秘的秘诀，坚持，再坚持！只有这样，你才能达到成功的彼岸。

一个优秀的登山者，在一次登山中，首次实现不使用氧气，成功登上了世界最高峰——珠穆朗玛峰。当他下山后，人们纷纷问他

48

成功登顶的秘密时，他说："这没有什么秘密，我知道大脑是一个重要的耗氧源，科学家曾告诉我们：各种思想在大脑中相互撞击时，竟要消耗我们吸入全部氧气的40%。所以为了减少对氧气的消耗，我只有'向前走，成功实现目标'这一个念头，至于其他的任何想法我都把它们统统从脑子里抛掉，没有了任何的杂念，我就等于放下了一个背在身上的巨大的包袱，轻松地向前，这就是我成功的全部秘密。"

有一个小和尚，他来到一座很大的寺庙，想跟一位非常有名的大师学些真本事。大师问他："你想学什么？"他抬头看看天空，发现飞翔是一件很自由、很惬意的事情，就说："我要学习飞翔。"于是大师准备教他轻功；眨眼间，他又看见湖里有许多鸭子在游泳，又说："我想学水下工夫。"刚摆好架势，立刻觉得做个大力士似乎更好，可以打败很多人……可想而知，到了最后他还是一无所长。

目标是用来坚持的，没有了坚持，再伟大的理想也都是空谈。

坚持不懈是取得成功的必备素质

坚持不懈是取得成功的必备素质，也是取得成功的必需条件。如果你想与众不同，如果你想取得成功，那么你要拥有的最重要的素质就是，你有能够比任何其他人坚持得更久的能力。

人的一生难免有不顺利的时候，当你面对那些不可避免的挫折、失望和生活中暂时的失败时，你会怎么做？人们往往都会有一种惰性，一遇困难就退缩，遇到挫折就放弃，那么将很难成功。只有在你遇到这些问题仍然坚持不懈时，你的行为才能向你自己和你周围的人证明你具备了自律和自控的素质，你才能得到外界的帮助，而这些素质又恰恰是你取得成功所不可缺少的。

一个成功者从来不对困难和挫折屈服，反而困境会更加激起他们的斗志。英国首相温斯顿·丘吉尔在面对德国法西斯的疯狂进攻时，就曾对他的国民说过："不要屈服，永远不可屈服！"这不但是

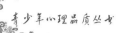
一句振奋英国全民的豪言壮语，也是他最重要的人生总结。

丘吉尔坚信，以斗牛士式的坚韧面对似乎不可战胜的失败往往是反败为胜的关键，而他也总是以自己的行动一次又一次地证明了这一点。譬如，在英国全境遭遇德国法西斯的狂轰滥炸之后，丘吉尔和他领导下的英国人民仍然坚持战斗，没有退缩，最终反败为胜，并攻占了德国。正由于丘吉尔这种在面对困境时总是毫无怨言地承受、坚韧的态度，他才成为20世纪最伟大的政治家之一。

目标和计划有大有小，也有难有易，但对于任何计划和目标，如果没有不可动摇的决心和坚忍的毅力，都是不能实现的，这就如你想吃一个苹果，却不愿意自己动手削上一个，又如何能够吃得上呢？

天将降大任于斯人也，必先苦其心志，劳其筋骨。试问：不在磨炼中坚持，能有几人成功呢？

河蚌坚持不懈，忍受了沙粒的磨砺，终于孕育出精美的珍珠；刀剑坚持不懈，忍受了烈火的赤炼，终于变得锋利无比。一切豪言壮语皆是虚幻，唯有坚持才是踏向成功的基石。

爱迪生说："成功是99%的汗水加上1%的灵感。"为了发明电灯，他做了1600多次实验，没有一次不是以失败告终。但是因为站在执著的高点上，他成功了，他为世界创造了光明。他不在意追求过程中的每一次曲折，他坚信机遇就藏在执著的身后。有坚持不懈的追求，就会有成功的创造。

不是每一颗贝壳都能磨光沙粒，但总有忍受肌理之痛磨成珍珠的；不是每一朵花都能结出果实，但总有坚持到最后为人类提供果实的；不是每个人都能实现理想，但总有人能坚持到最后。坚持是一种可贵的东西，巨大的力量能把我们带向最后的成功。

成功在于坚持，坚持是最容易做到的事，只要愿意，人人都能做到；坚持又是最难的事，因为可能要忍受很多。正如古罗马著名学者塞涅卡所说，不是因为这些事情难以做到，我们才失去信心，是因为我们失去信心，这些事才难以做到。

工作中更是如此。古往今来，成功者之所以能取得业绩，凭借的是坚忍不拔的意志和坚持不懈的努力，而不是偶然性的运气。工

为自己准备明天的早餐

作好比马拉松赛跑，有些人起步较快，在起跑线上抢先一步，但是在最后冲刺的关键时刻却被别人遥遥领先。究其原因，很多时候并不是实力问题，而是意志问题。有的人暂时领先，扬扬得意地就松懈了，有的人暂时落后心灰意冷就放弃了，而有的人始终向着目标前进，锲而不舍坚持到最后一秒。常言道：机会只给有准备的人，坚持就是一种准备。

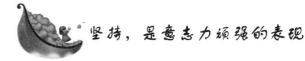

坚持，是意志力顽强的表现

每个人都害怕失败、挫折，然而每个人都渴望成功。失败并不可怕，可怕的是你不能勇敢地去面对。成功的道路上有着许多的挫折、困难、失败，只要坚持住，就能战胜它们，离成功也就不远了。

成功不是一件容易的事，但也没有你想象的那般困难，很多人认为成功要经过"饿其体肤，空乏其身"、"头悬梁，锥刺股"一般的艰辛，其实，成功并没有那么难，只需要坚持。

韩国一位成功的企业家说过："成功，并不像你想象的那么难，只需要对你所感兴趣的事业长久地坚持下去，即使是失败也不放弃，那么，你就会成功。"成功就是我们的梦想，只要坚持，就一定会成功。

成功与失败，并没有相隔很远，仅仅只是一步之遥，然而有的人就是不肯踏出这一步，畏畏缩缩，停滞不前，结果他永远都不会成功。

有一个荷花池，第一天的时候池中只有 1 片荷叶，但是荷叶的数量每天成倍数增长，第 2 天 2 片，第 3 天 4 片……假设在第 30 天时整个池塘全部被荷叶盖满，请问：在哪一天时，荷叶只有一半？

你可能马上就答得出：第 29 天。

不错，这就是日积月累、滴水穿石达成的终极突破。我们所设定的每一个目标、从事的每一项工作都正像这片荷花池，在你做着貌似重复的日常工作的时候，你往往会感到枯燥甚至是厌烦，你可能在第 3 天、第 28 天甚至第 29 天的时候放弃了坚持，这时往往离成功只有一步之遥。巨大的成功靠的不是运气、不是聪明，而是韧性。所以在面对新的机会和挑战时，不必急功近利，不必追求立竿见影，只要每天能够比前一天有一点儿突破、一点儿改善，而且朝着正确的目标持续地做下去，就一定能够迎来最终的成功。

1831 年，瑞典化学家萨弗斯特朗发现了元素铂。对这一重大发现，后来他在给朋友、化学家维勒的信中这样写道："在宇宙的极光角，住着一位漂亮可爱的女神。一天，有人敲响了她的门。女神懒得动，在等第二次敲门。谁知这位来宾刚敲过后就走了。她急忙起身打开窗户张望："是哪个冒失鬼？啊，一定是维勒！"如果维勒再敲一下，不是会见到女神了吗？过了几天又有人来敲门，一次敲不开，继续敲。女神开了门，是萨弗斯特朗。他们相晤了。铂便应运而生！"

成功是美好的，但坚持有时候却是痛苦的。每个人都在追求成功，但想要成功需要付出艰辛的劳动，甚至千百次艰难的探索，例如：在一次次失败后永不言弃的试验中，诺贝尔才发明了炸药，给人类征服自然带来了锐利的武器；经过 1000 多次实验，爱迪生才发明了白炽灯，为人们带来光明。我们周围很多人，也正是在一次次锲而不舍的奋斗中，他们的工作、学习才取得了令人欣喜的成绩。但必须指出的是，我们中的一部分人在追求的道路上，浅尝辄止，遇到困难、挫折和失败，就掉头离去，虽然有些人是因为方法不当，但更多是因为缺少这种精神——坚持。

坚持，是意志力顽强的表现。坚持，它不是口头上的豪言壮语，而是要求我们付诸行动，从一点一滴做起，不怕困难，不怕挫折，顽强拼搏，甘于寂寞，乐于清贫，脚踏实地，经得起艰难困苦的考验，甚至经得起肉体和精神极限的挑战，这才是成功的重要前提。

"不经几多风与霜，哪得梅花扑鼻香？"是啊，成功不会轻易获得。因为成功本身就是一个不断追求、锲而不舍的过程。

法国伟大的启蒙思想家布丰曾经说过："天才就是长期的坚持不懈。"

我国著名的数学家华罗庚也曾说："做学问，做研究工作，必须

为自己准备明天的早餐

持之以恒。"

其实，无论是做什么，不管是不是天才，想要取得成功，坚持不懈的毅力和持之以恒的精神是必不可少的。

刘翔站在领奖台上那一刻，每个人都看见了无法企及的光环，然而他背后的坚持却也是我们无法想象的。刘翔8岁开始体育生涯，在十几年的刻苦训练中，每天面对的就是奔跑、起跳、跨越；跨越、奔跑、起跳。日复一日，年复一年，这对于热爱音乐、电脑，只有十几岁的刘翔来说，是何等的枯燥乏味呀！但是刘翔坚持下来了。十几年如一日的刻苦训练成就了刘翔，雅典奥运会上，一个令西方世界惊诧不已的东方神话横空出世，刘翔带给全中国人民的是何等的荣耀和自豪！他也给我们每个人注入了一股强大的精神力量，那就是明确目标，坚持不懈，终能成功！世间最容易的事是坚持，最难的事也是坚持。

当困难绊住你成功脚步的时候，当失败挫伤你雄心壮志的时候，当负担压得你喘不过气的时候，不要退缩，不要放弃，一定要坚持下去，因为只有坚持不懈，才能通向成功！

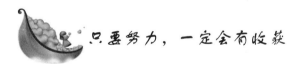

只要努力，一定会有收获

人生有得有失，有失有得。老天还是公平的，只要付出了，一定会得到回报，只是时间长短的问题；只要努力了，一定会有收获，这是被实践证明了的真理。我们每一个人都应该为自己想获得的成功而坚持不懈地努力与进取、拼搏！

有人问：世界上什么东西的气力最大？大家众说纷纭，什么答案都有，有的说是大象，有的说是狮子，有人开玩笑似的说是金刚。金刚有多少气力，当然大家全不知道。

但是所有答案都完全不对，世界上气力最大的竟然是植物的种子。一粒种子可以显现出来的力，超出我们任何人的想象。

人的头盖骨结合得非常致密坚固，生理学家和解剖学家想尽了

53

一切方法，想要把它完整地分开来，都没有成功。后来有人发明了一个方法，就是把一些植物的种子放在要解剖的头盖骨里，给予合适的温度和湿度，使种子发芽。一发芽，这些种子便以可怕的力量，将一切机械力所不能分开的骨骼完整地分开了。

很难想象，一粒小小的植物种子的力量竟是如此之大，让人很难理解。那么，你见过被压在瓦砾和石块下面的一棵小草的生长吗？它为了向着阳光，为着达成它的生之意志，不管上面的石块如何重，石块与石块之间如何狭小，它总要曲曲折折地、顽强不屈地透到地面上来。它的根往土里钻，它的芽往上面挺，这是一种不可抵挡的力量，阻止它的石块结果也会被它掀翻。

没有人将小草叫做大力士，但是它的力量之大，的确无与伦比。这种力是一般人看不见的生命力，只要生命存在，这种力量就要显现，上面的石块丝毫不足以阻挡它，因为这是一种"长期抗战"的力，是有弹性、能屈能伸的力，有韧性，不达目的不罢休。

如果不落在肥土中而落在瓦砾中，有生命的种子决不会悲观、叹气，它相信有了阻力才有磨炼。生命开始的一瞬间就带着斗志而来的草才是坚韧的草，也只有这种草，才可以对那些玻璃棚中养育的盆花嗤笑。

我们身边不乏很多不满足现状的人，他们也不甘心，想透过努力获得一份更好的人生结果，但是却失败了。因为他们中大多数人一直处在"寻找"到"尝试"，再到"寻找""尝试"不断的循环中，由于对目标不够坚定，急功近利，遇到一点儿小小的挫折就会马上放弃，不能坚持，他们忽略了一个道理：梅花香自苦寒来！

成功没有轰轰烈烈而只有点点滴滴，专注于一个目标，坚持不懈，日积月累，一定会达成目标。让我们每个人从小事开始坚持，让坚持成为一种习惯，成功就在不远处向我们招手。

持之以恒是成功创业的后盾

现在很多人会选择创业。提到创业，我们就会不知不觉地联想到经商和办企业。其实，无论你身处什么岗位，只要能有所成就，被社会所认可，都意味着创造了一番事业，都可以说是创业成功。然而，要在创业的道路上有所成就并非易事，持之以恒的精神是必不可少的。

常听人说："干一番事业难啊！"为何难？"有才华没机会"。纵然是冰冻三尺，也非一日之寒，其实机会对每个人都是均等的，关键在于如何看待并对待自己所从事的职业。俗话说："心急吃不了热豆腐"，做任何事情必须经过长期努力才能获得成功，更何况是要花费毕生精力而为之奋斗的事业，需一生精心经营，方能有所小成。所以，要成就一番新事业，只有持之以恒才可能能实现当初的梦想。

成功创业的法则似乎很简单，只要"能力加上持之以恒"，然而，"简单"并不等于"容易"，持之以恒更需耐心。整个创业过程犹如长跑，在这过程中如不能很好地适应而放弃，则永远不会到达终点；挺一挺坚持下去，极点过去了，终点线就在你脚下。创业本是一个磨炼人意志的过程，它给耐心创业者的最终回报是成功，给敷衍了事者以失败。一生创业的黄金时间是年轻的时候，三十而立的男人们，你们有多少个30岁来面对失败？耐心地坚持你目前正从事的职业，成功或许就在明天。

创业的过程同样是乏味的，在磨炼你意志的同时也在不知不觉中磨平你的兴趣，所以保持当初感兴趣的事业是至关重要的，兴趣可以保证你对事业的持之以恒。陈景润在破解哥德巴赫猜想的过程中研究证明了"1＋2"，如没有保持对数学的永久兴趣怎能有如此令世人惊叹的发现。反之，纵使你才华多么出众，但缺乏了兴趣、没有了热情，无异于"竹篮打水——一场空"，最后一切都将无济于事。

我们都梦想着能成就一番大业，实现自身真正的价值，在创业过程中能力固然可以保障你一帆风顺，但持之以恒更是成功创业的后盾。

一位著名的推销大师，即将告别他的推销生涯，应行业协会和社会各界的邀请，他将在该城中最大的体育馆，作告别职业生涯的演说。

那天，会场座无虚席，人们在热切地、焦急地等待着，那位当代最伟大的推销员作精彩的演讲。当大幕徐徐拉开，舞台的正中央吊着一个巨大的铁球。为了这个铁球，台上搭起了高大的铁架。

一位老者在人们热烈的掌声中走了出来，站在铁架的一边。他穿着一件红色的运动服，脚下是一双白色胶鞋。

人们惊奇地望着他，不知道他要做出什么举动。

这时两位工作人员，抬着一个大铁锤，放在老者的面前。主持人这时对观众讲：请两位身体强壮的人到台上来。好多年轻人站起来，转眼间已有两名动作快的跑到台上。

老人这时开口和他们讲规则，请他们用这个大铁锤，去敲打那个吊着的铁球，直到把它荡起来。

一个年轻人抢着拿起铁锤，拉开架势，抡起大锤，全力向那吊着的铁球砸去，一声震耳的响声，那吊球动也没动。他就用大铁锤接二连三地砸向吊球，很快他就气喘吁吁。

另一个人也不示弱，接过大铁锤把吊球打得叮咚响，可是铁球仍旧一动不动。

台下逐渐没了呐喊声，观众好像认定那是没用的，就等着老人做出什么解释。

会场恢复了平静，老人从上衣口袋里掏出一个小锤，然后认真地，面对着那个巨大的铁球。他用小锤对着铁球"咚"敲了一下，然后停顿一下，再一次用小锤"咚"敲了一下。人们奇怪地看着，老人就那样"咚"敲一下，然后停顿一下，就这样持续地做。

10分钟过去了，20分钟过去了，会场早已开始骚动，有的人干脆叫骂起来，人们用各种声音和动作发泄着他们的不满。老人仍然一小锤一停地工作着，他好像根本没有听见人们在喊叫什么。人们开始愤然离去，会场上出现了大块大块的空缺，留下来的人们好像也喊累了，会场渐渐地安静下来。

大概在老人进行到40分钟的时候，坐在前面的一个妇女突然尖叫一声："球动了！"霎时间会场立即鸦雀无声，人们聚精会神地看着那个铁球。那球以很小的幅度摆动了起来，不仔细看很难察觉。老人仍旧一小锤一小锤地敲着，人们好像都听到了那小锤敲打吊球的声响。吊球在老人一锤一锤的敲打中越荡越高，它拉动着那个铁架子"哐、哐"作响，它的巨大威力强烈地震撼着在场的每一个人。终于场上爆发出一阵阵热烈的掌声，在掌声中，老人转过身来，慢慢地把那把小锤揣进兜里。

老人开口讲话了，他只说了一句话：在成功的道路上，你没有耐心去等待成功的到来，那么，你只好用一生的耐心去面对失败。

很多的人以为成功很难，成功要付出太多、成功会很痛苦，因此就不敢想象和追求。那是不是不成功就很舒服、很自在、很潇洒了？当然不是，事实上，不成功才真的更难。有的人不肯付出一时的努力去博取成功，去换取一生的幸福，却甘愿用尽一生的耐心去面对失败的痛苦。在贫困线上的人面对的是吃饭、挨冻、生存这样的大事，这是涉及生死存亡的大事，他们的心理压力会小吗？他们可以用健康、犯罪甚至是生命去拼，只是为了换取生活中最基本的需要。他们付出的代价是巨大的，他们又何以轻松呢？

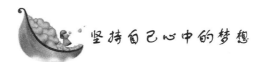

坚持自己心中的梦想

牛顿，一位全世界人人皆知的物理学家，他的科学成果非常惊人，而这一切几乎都是源于他的持之以恒。他曾靠自己用钻头、锤子、圆规、磁铁、棱镜和其他材料做金属构件，精心拼装，在鼠疫流行的两年里改造了天文望远镜。他在另外一些科学家的反对下，经历重重困难，出版了4本科学论著……他把科学放在第一位，把生活放在了第二位。有时候，他饭都顾不上吃，专心研究，也不回家；甚至吃饭都用食物来设计方案。这就是他，最后被安妮女皇封为爵士的牛顿，经过持之以恒的努力后而拥有了伟大成就。

持之以恒就是成功的支柱，它不能短只能长，把成功支得越高，成功就越大。牛顿曾说过："如果你问一个善于溜冰的人怎样获得成功时，他会告诉你，'跌倒了，爬起来'。这就是成功。"是呀，燕子不坚持努力飞行，怎能到达南方呢？蚂蚁不坚持努力搬运食物怎能过冬呢？我们不坚持努力学习，怎能有伟大的成就，获得成功呢！

只有坚持与百折不挠，一个人才可能会成功。

有人问一位智者："请问，我怎样才能成功呢？"

智者笑笑，递给他一颗花生："用力捏捏它。"

那人用力一捏，花生壳碎了，只留下花生仁。

"再搓搓它。"智者说。

那人又照着做了，红色的花生皮被搓掉了，只留下白白的果实。

"再用手捏它。"智者说。

那人用力捏着，却怎么也没法把花生捏碎。

"再用手搓搓它。"智者说。

当然，什么也搓不下来。

"虽然屡遭挫折，却有一颗坚强的百折不挠的心，这就是成功的秘密。"智者说。

每一位成功者都知道，要想成功就要有一种持之以恒、不达目的誓不罢休的精神。俗话说："一锹挖不成水井，滴水难成大海。"一个人要想成功，是需要积累的，更需要坚持，只有坚持下去，才能取得成功。一个人克服一点儿困难也许并不难，难的是能够持之以恒地做下去，直到最后的成功。

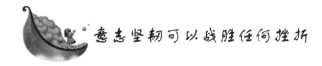

意志坚韧可以战胜任何挫折

保罗的父亲留给他一座美丽的森林庄园，他一直为此自豪。可是不幸却发生在一年深秋，一道突然而至的雷电引发了一场山火，无情地烧毁了那片郁郁葱葱的森林。

伤心的保罗决定向银行贷款，以恢复森林庄园往日的勃勃生机。可是银行拒绝了他的请求。沮丧的保罗茶饭不思地在家里躺了好几天，太太怕他闷出病来，就劝他出去散散心。

心情烦闷的保罗走到一条街的拐角处，看到一家店铺门口前人山人海，原来一些家庭主妇在排队购买用于烤肉和冬季取暖用的木炭。看到那一截截堆在箱子里的木炭，保罗忽然眼前一亮。回到家后，保罗马上雇了几个炭工，把庄园里烧焦的树木加工成优质木炭，分装成1000箱，送到集市上的木炭分销店，没多久便被抢购一空。保罗从分销店那里拿到一笔钱，在第二年春天的时候购买了一大批树苗。终于，他的森林庄园，又绿浪滚滚了。

坚韧是一种强大的力量，战胜挫折需要坚韧，意志坚韧可以战胜任何挫折，可以让人顽强地面对失败。

没有谁的人生是一帆风顺的，每个人都有遇到挫折的经历，挫折会让我们感到失败和无助，然后产生自卑感，自我否定，影响我们实现梦想。我们要做的就是让挫折帮助我们解决问题，而不是向挫折屈服。现在紧张的生活节奏让我们经常陷入烦恼和焦虑中，虽然我们不断要求自己提出解决的办法，可是却往往陷入怪圈找不到方向，让我们有消极的感觉，产生挫败感。

只有坚韧能让我们体会到战胜挫折的快乐，而战胜挫折的过程就是保持坚韧状态的过程。面对挫折而不退缩，保持拥有坚韧品德的人，可以面对来自任何方面的挫折而不畏惧。因为你可以把挫折看作是高山，坚韧的意志力会让你登上这座山，并能轻易地翻越它。我们都知道"有志者事竟成"这个道理，它告诉我们战胜挫折、和挫折作斗争最好的办法就是要有坚韧的意志，有坚持到底的决心。

坚韧就是坚持到底的意志，是一种顽强的意志力量。任何意志都不是一时产生的，是需要点滴积累的过程。要培养坚持到底的坚韧，就必须先要做到积极主动地参与，才能做到集中注意力在所做的事情上，才能做到坚持到底。

乐观的人在挫折面前会更加坚韧，坚韧是一种积极向上和自信乐观的人生态度，抱着这种态度去生活的人，能经历任何挑战，因

为他们是从乐观的角度看待身边的一切的，他们相信风雨之后一定能再见彩虹。面对挫折和失败，你是打算放弃呢？还是当做考验继续努力呢？人的一生不可能只有成功的喜悦，而没有挫折和失败的经历，毕竟"失败是成功之母"。

　　一个人如果能把挫折和失败看作是生活的挑战，能接受这种挑战，并能重新振作起来，就能朝着既定的目标继续前进，而这个过程就需要拥有坚韧的性格以及不屈的精神。坚韧代表的是自信和积极的人生态度，这种态度可以帮助我们战胜挫折和失败，战胜一切。坚韧实际上就是一个人如何看待挑战，如何对待属于自己的命运之路。

　　实现梦想需要我们在心里记住自己的梦想，想着如何实现这个梦想，想着遇到障碍的时候如何应对。暴风雨是可怕的，但只要记得风雨之后就一定有彩虹，那么再大的风雨也阻止不了你的脚步。只有不畏任何挫折、失败和挑战，拥有坚韧的态度和意志力，才能让你的人生之旅充满风雨之后的阳光。

为自己准备明天的早餐

第三章　做足准备，迎接明天

　　有一句西方名言说："要想吃果子，就得早点栽下那棵树。"要想收获成功的果实，就要早做准备。

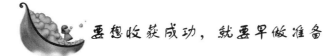要想收获成功，就要早做准备

有一句西方名言说："要想吃果子，就得早点栽下那棵树。"要想收获成功的果实，就要早做准备。

三国时期，襄阳人李衡在武陵郡龙阳县的大沙洲上建造了住宅，并且种了一千棵柑橘树。临死时，告诫儿子说："我们老家有千个木头奴隶，不向你要吃要穿，每个木头奴隶每年还可交给你一匹绢，也足够你用的了。"东吴末年，柑橘树长成，每年获得绢几千匹。司马迁曾说"在江陵有千棵橘树的收入，可以同千户侯一样富足"，李衡的儿子们在父亲的谋划和准备下，成了人生的赢家。

东汉时，光武帝刘秀的外祖父樊重想制作日用器具，就先种上梓树、漆树，当时的人笑话他。可是，过了些年，都派上了用场；甚至从前笑话他的人，也都来向他求借。同样，樊重也因为提早谋划和准备成了人生的胜利者。

"凡事预则立，不预则废"，做事情要有所谋划和准备，更容易获得成功。而且可以防范在先，避免可能遭到的灾厄和损失。

中国有一句成语叫"有备无患"。实际上，我们做任何事情都是如此，谁能准备得更充分，谁就更能取得成功！微软公司曾多次推迟 Windows 新产品的发布时间，这个举动曾令很多人不解，因为在 IT 行业中，产品发布时间的早晚对市场的影响是巨大的。但微软公司认为必须推出最好的产品，如果在还没有准备好的时候上市，只会让顾客对微软失去信心。

普法战争前，普鲁士的毛奇将军在军事上的准备功夫，最可佐证准备是可以克敌制胜的。

在战争爆发前 13 年，毛奇将军已经在为战争做准备了，他筹划了详尽的作战计划。全国所有的军官，甚至后备队的全体军人，都被告知在作战时应取的动作与机宜。

全国的军人都在为战争做准备，只要一接到动员令，可以立即按预定方案投入战斗。为保证作战时的运输畅通，军营也都预先设置在地理位置最适当、交通最便利的地点。

为使作战计划最适合于战时情势，毛奇将军常常对订下的作战计划加以变更、修正，力求精益求精，保证战争在任何时候发起，都能指挥若定，应付自如。据说，在 1870 年所执行的作战计划，还是在 1868 年订下的。而最初拟定作战计划的时间，则远在 1857 年，所以战争一爆发，在毛奇将军指挥之下的普军的行动，准确得如时钟的转动一般不差分毫。

与毛奇将军的深谋远虑、苦心运筹相比较，法国的军事当局正好相反。普军事事都有准备，法军一切都没有准备。

战事一开始，法军从前线发回的告急报纷至沓来，给养不充足、驻军不便利、军队不能联络等。全国上下一片混乱，与普军作战一触即溃。法军处处落败，最后不得不城下乞盟，忍受奇耻大辱！

生活中，有很多人都是因为对事业没有做好充分的准备，结果一败涂地！他们以为以自己的能力能维持目前的温饱，便安逸自在，不再为未来做准备。

一个农民如果期盼秋天能有丰盛的收获，他必须在春天做好准备，包括辛勤耕耘，在地里播下良种。

如果一个人不肯为未来做些准备，他便不能在未来有所收获，正如一个人如果没有把款项放进银行，就不能向银行提取利息一样！

很多年以前，美国西部曾面临严重的干旱，已经数月没有下雨，农作物也濒临枯死，村民们对生活感到绝望。终于村长决定召集村民一起去教堂祈雨。

第二天，全体村民都挤进教堂，准备进行祈祷大会。所有人都向上帝承诺，要百分百地相信上帝会赐雨给他们。他们诚心地祷告，仪式结束前，他们惊讶地大叫："你瞧！"大雨倾盆而下。

所有人都欢呼起来，人们互相拥抱着。突然他们想到，雨下这么大，该如何才能安全地回到家呢，而且不被淋湿？这时，有一个小女孩从人群中走到后门，从容地从身后掏出一把伞来，撑开后走进雨中。她是唯一一位在来祈雨前就做了准备的人。其他的人并不真正相信上帝会聆听及回应他们的祈求。

63

1997年6月，泰森与霍利菲尔德之间展开了一场拳坛世纪之战。泰森当时正如日中天，而霍利菲尔德已年近40岁。在比赛之前，几乎所有的媒体都认为霍利菲尔德一定会失败，而泰森将是最后的胜利者。人们在泰森身上押上大把的赌注，美国博彩公司开出了令人瞠目结舌的悬殊赔率：22赔1泰森胜。

媒体的吹捧，让本已狂妄的泰森更加不可一世，他压根就没有把霍利菲尔德放在眼里，狂妄地宣称自己可以毫不费力地击败对手。因此，泰森在赛前几乎没有做任何准备，如观看对手的录像、预测可能出现的情况及应对措施、充足的睡眠和科学的饮食等，都敷衍了事。

比赛开始后，泰森才明白自己犯了一个多么严重的错误——准备不足。在赛场上，泰森惊讶地发现，自己竟然找不到对手的破绽，而对方的攻击却往往能突破自己的漏洞。最后的结果可想而知，在几个回合以后，泰森一败涂地。于是，气急败坏的泰森一口咬掉了霍利菲尔德的半只耳朵，这个令全世界人都感到震惊的举动让泰森臭名远扬。

成功的前提条件就是要有准备！很多时候，并不一定是实力强的一方在比赛中获胜，而是犯错误最少的一方更容易赢得比赛的胜利。而要保证自己不犯或少犯错误，就必须真正地重视准备，扎实地做好各项准备工作。

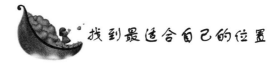

找到最适合自己的位置

一片小树林在原始森林中总是并不起眼，但在钢筋混凝土的城市里却备受人们喜爱；一个小时的雨水在南方潮湿气候下显得可有可无，但在北方干旱地区却极为珍贵；一小撮火在夏天人人都排斥，但在寒冷的冬季却成了人们的最爱……很多东西都是这样，只有在最适合的地方，它的价值才能展现出来。人也是这样，只有在最适合自己的地方，让自己的潜能最大限度地发挥出来，才能实现自身的价值，让自己活得最快乐，使生活更有意义。

巴特尔是一名出色的篮球运动员，由于他在球场上优异表现，得到了 NBA（美国职业篮球联赛）球队老板的赏识，2002 年他签约赴美加入 NBA。

NBA 是很多篮球运动员的梦想，但巴特尔在 NBA 的日子并不太好过。

巴特尔在 NBA 中的表现不好，教练给予他上场的机会也很少。2004 赛季，在各支球队均已打完了将近三分之一的季常规赛时，巴特尔累计上场时间还不足 40 分钟。

巴特尔加入 NBA 的初衷是提升实力，但事实正好相反，几年来几乎没怎么打比赛的他很难找到机会得到锻炼。无论是在个人能力上，还是在信心上，巴特尔都受到了相当大的打击。

巴特尔应该是一个拼杀在球场上的巨人，而不是坐冰冷的板凳。NBA 并不是篮球的全部，他应该为自己找到一个最适合他的地方，一个能有所表现的地方。在经过一番权衡后，巴特尔选择了回国。

只有在最适合自己的地方，才能使自己的能力得到更充分的发挥。NBA 并不是最适合巴特尔的地方，因此巴特尔在 NBA 球队没有发挥自己才能的空间。而中国的球队需要他，有适合他的场上位置给他，他能凭借自身技能为球队的胜利贡献力量。

事实也是如此。2005 年 2 月 16 日晚，巴特尔身披北京首钢队服出现在 CBA 的球场上，他上场 23 分钟，拿下 25 分 14 个篮板。北京首钢主场以 108 比 87 战胜山东金斯顿。阔别 CBA3 年后，巴特尔以一场精彩的胜利宣告自己的回归。

在一个不适合你的地方，你的出现也许可有可无，甚至显得画蛇添足。你处处受制约，自然难有大的发展。如果你到一个最适合自己的地方，往往能提供给你发挥能力的空间，而你也会因此产生一种满足感与使命感，更能激发出热情，努力使自己把事情做好。在天时地利人和的情况下，是更容易获得成功的。

德国化学家奥托·瓦拉赫是诺贝尔化学奖获得者。在读中学时，父母为他选择的是文学之路。到期末时，老师为他写下了这样的评语："瓦拉赫很用功，但过分拘泥，这样的人即使有着完美的品德，也绝不可能在文学上发挥出来。"看来，文学这条路是走不通了，在征询了瓦拉赫的意见后，父母让他改学油画。可瓦拉赫既不善于构图，又不会润色，对艺术的理解力也不强，成绩在班上是倒数第一，学校老师的评语更是令人难以接受："你是绘画艺术方面的不可造就之才。"

面对如此"笨拙"的学生，绝大部分老师都已经对他失望，唯有化学老师说了他的一个优点，就是瓦拉赫做事一丝不苟，具备做好化学实验应有的品格，建议他去学化学。父母接受了化学老师的建议。这下，瓦拉赫智慧的火花一下子被点着了。这个众人眼里的"不可造就之才"一下子变成了公认的"前程远大的高材生"，在同类学生中，他遥遥领先……

瓦拉赫的成功，说明了这样一个道理：人的智能发展是不均衡的，每个人都会有智能的强点和弱点，只要找到自己智能的最佳点，使智能潜力得到充分的发挥，便可取得惊人的成绩。

俗话说："树挪死，人挪活。"一个人的成功，往往是从寻找最适合自己的环境开始的。中央电视台著名主持人朱军的成功就是这样。据他在自己所写的书中说：

"1993年6月21日，中央台当红主持人杨澜在被甘肃省电视台请做庆祝党的生日晚会节目主持人时，认识了和她同做这台晚会的主持人朱军，她发现朱军主持得不错，在录制结束的时候，很多台前幕后的工作人员都抢着和杨澜合影，这时杨澜趁着空闲走过来对朱军说："朱军，你主持得挺好的，你应该走出去试试。要是原地不动的话，5年，也就是5年，你就没有什么太大的发展了……"

由于杨澜的提醒，朱军带着一种憧憬，在经历了一番艰难波折后，终于走出了"黄土高坡"，走向了巍峨的中央电视台大厦，成了一位深受全国电视观众喜爱的电视节目主持人。

很多人总在感叹英雄无用武之地，其实他们真应好好想想自己的问题。为什么会出现这样的情况？最大的问题是因为不清楚哪里是适合自己的地方，或者不敢去寻找适合自己的地方。

要改变这种局面，让自己的能力得到更大程度的发挥，就要对自己的能力、爱好有一个客观公正的认识，结合自己的实际情况冷

为自己准备明天的早餐

静选择，尽可能地到最适合自己的地方去。还有一种方法是，善于分析自己周围的环境，去发现适合自己、需要自己的境遇，这也是很重要的。化妆品公司极少在欧洲市场投放美白产品，因为他们是白种人，几乎不用美白产品而且用不着。而在亚洲市场，大量宣称拥有美白功效的化妆品销售得热火朝天，因为黄种人有这样的需要。人也是这样，或许你在一家公司的设计部门找不到适合你的位置，但可能销售部门非常适合你的人际关系与营销才华呢？要有自信去寻找适合你的地方，然后努力使自己折射出最明亮的光芒。

一个小男孩在市场上卖石头。据说这是一块非常稀有的石头，可是却无人问津。回到家，爸爸对他说："明天早上，你拿着这块石头到黄金市场上去卖，但不是'真卖'，记住，无论别人出多少钱，绝对不能卖。"

第二天，男孩照做了。他发现，有不少人对他的石头感兴趣。而且价钱越出越高。回到家中，男孩兴奋地对爸爸说："很多人都想买这块石头！"爸爸笑了笑，要他明天把石头拿到宝石市场上去卖。

于是男孩又把石头拿到宝石市场上去展示，结果石头的身价涨了10倍，更让人觉得不可思议的是，由于男孩怎么都不卖，这块石头竟被传为"稀世珍宝"。

每个人都如同这块石头，在不同的环境下就会有不同的价值。一个人如果不能找到适合自己的位置，不能充分地认识、肯定和相信自己，如果他对自己所从事的事业没有信心，没有激情，就永远都不可能成功，永远都只会是一个庸才。

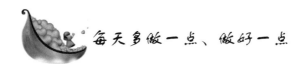

每天多做一点、做好一点

很多人花费很多的宝贵时间和精力去寻找通往成功的捷径，却从来不愿多用一点时间在事业上，这样做明显是错误的。要想出人头地，其实很简单，你只要比别人多做一点就可以了。有人可能会有疑问了，多做一点能有这么大的作用吗？你可不要小瞧自己比别人多做的这一点，它能让你在公司里脱颖而出，你积极主动的态度会使你更加敏捷主动，给自我的提升创造更多的机会，多做一点，可以让上司和客户更加信任你，赋予你更多的机遇，从而改变你的一生，所有伟大的成就通常是一些平凡的人通过自己每天多做一点而得来的，所以想要感动你的老板，成为老板心中举足轻重的人才，没有太多的窍门，只要多做一点就够了。

在我们的身边，有很多看上去很平凡普通的人，但他们取得了不凡的成就，就是由于他们愿意每天多付出一点点，一年 365 天，天天如此，才让他们的人生变得与众不同。

比别人多做一点，就意味着改变自己，一件事情也许就会影响一个人的前途和命运；只要你比别人多做一点，每一天都是一个阶梯，都是你向着既定的目标迈近一步，也就是说，只有无止境地追求才有不断的进步，才有不断的成就；比别人多做一点点，日积月累，作为平凡员工的你也会成功，摘取满意的成果。

娟娟在一家规模不大的广告公司做文员，每天的工作很多，也很杂，公司里无论谁有点事情都要找娟娟做，打个文件，回个邮件，接个电话等，其实这些都不属于娟娟工作的范畴。她工作的时间虽然不长，但是工作非常认真主动，而且很麻利，再多再烦琐的工作到了娟娟的手里也能被她做得又快又好。其实，娟娟刚来公司上班的时候，并不是有这么多工作的，这些工作都是娟娟自己主动要求做的，忙完自己的工作闲着没事时，就会看看同事们有没有忙不过来的，如果有，她会立刻笑呵呵地走上前去询问对方需不需要帮忙，对方看到娟娟这么热情，就不和她客气了，高高兴兴地把自己忙不过来的工作拜托给她。久而久之，娟娟的工作就越来越多了，不过她从同事们拜托给她的这些工作中学到了在自己本职工作上学不到的知识，她的综合工作能力有了很大的提高，而且她这么热心助人，同事们非常喜欢她。半年后，公司要提拔一位办公室主任，老板问大家有没有合适的人选，大家异口同声地推选了娟娟。

娟娟知道，自己的快速升迁是有原因的，原因就在于她每天都比别人多做了一点，其实只是多做了这么一点点事情，就让她这么快地触摸到了成功，她由此更加相信，获得成功的秘密就在于不遗余力再加上每天比别人多做的那么一点点，因为它能让你最大限度地发挥自己的热量。

多做一点点，是聪明人的选择，是主动掌握成功，是长久的人生之道；少做一点点，是投机者的把戏，是在利用成功，是短暂的机会偶遇。

成功者与失败者的差距，其实并不像大多数人想的那样有一道巨大的鸿沟摆在面前，他们之间的差距在一些很微小的事情上：每天比别人多做一点点，每天花10分钟的时间查阅资料，比别人多给客户打一个电话，多看一本书，多做一些研究，或是在实验室中多做一次实验……

每天多做一点、做好一点，克服拖沓、马虎、等待、推诿和懒惰，积少成多，我们就会比别人做得更好、更多，每天比别人多做一点点，进步一点点，就离成功近了一点点。

"多做一点点"是你需要好好培养的一种心态、一种精神和一种良好的习惯，它是你成就工作和事业的必要因素。多做一点点，尽管你没有报酬，但是你的付出决不会付诸东流，它会给你加倍的回报，为你结出丰硕的成果。

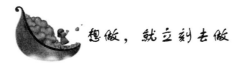

想做，就立刻去做

你也许经常这样对自己说："我今年一定要买一部车"、"一定要把我的房贷还清"、"一定要学会一门外语"等，等一年过去了，你发现你用"一定"来给自己做出的承诺一个都没有实现，你依然毫无节制地把钱花在吃喝玩上，你甚至连一本外语书都没有买。

为什么在现在的生活中，优秀的人、达成自己梦想的人总是占少数，就是因为大部分人虽然理想很好，计划也很周全，但却不能马上付诸行动，而总是拖延。比如，早上睡个懒觉后再背单词，等醒来后，日上三竿，下午又有别的事，只能推到第二天，第二天又有别的事情，就这样一直拖延耽误下去，明日复明日，结果，自己也没有了兴趣，最后只能看着理想和计划破灭、消逝。这种做法只能让自己永远享受不到成功的喜悦，只能做一个行动的矮子。

如果我们想把自己美好的憧憬、远大的理想、美妙的计划，都变成现实，首先就要让自己果断地行动起来。如果能将一切计划都付诸行动，每个人的生活和事业都会发生前所未有的变化。

因为每天都有每天的事情要做，每一天都会有新的事情发生，制订一个计划非常容易，只要坐下来用脑子去想想就可以，而实现计划却需要一步一步、一天一天地去行动，只有行动才能让你制订的计划完成。

成功的乐趣是由于梦想的美好，或者一种对改变命运的渴望。很多人只是把这种美好或者这份渴望停滞在幻想阶段，从来不去为此动一动手、动一动脑。就如一个默默无闻的谱曲家，盼望着自己能谱写出最美的、令世人赞叹的曲子，但当一个非常美妙的灵感从他的脑海中划过，一连串优美的旋律在他眼前跳跃，他只是迟疑着、拖延着，想让它闪动得再长久一些，而不是尽快地将此记录下来，慢慢地，灵感逐渐模糊并暗淡消失。他才最终发觉，那是一首多么美妙的曲子，真的可以令世人为之心动，也能令他功成名就，就因为没有及时行动，记录下来，所有的一切就离他远去。

塞万提斯说："如果灵感惠顾到你时，你却总是说再等一会儿，再等一会儿，那么，它就永远不可能让你等到了！"

拖延可谓是有百害而无一利，它能让你一事无成虚度岁月，也能让你失去尊严、自由甚至生命。成功与不成功之间的距离，并不是像人们想象的那样如一道鸿沟不可逾越，其实差别就在于那一点小小的行动、一次小小的进展中，同样是打电话，如果别人比你多打一个，那么他获得成功的机会就比你多了一分。

从前，有一户人家的花园中有块足球大小的石头，这块石头因为挨着小路，过往的人难免被绊倒或擦伤。一天，10岁的儿子问爸爸："那块石头绊了我好几次，为什么不把它挖走呢？"爸爸说："那块石头在你爷爷小的时候就在那了，它埋得很深，如果能挖出来，早就挖掉了。你只要走路小心点就可以了。"

多年过去了，儿子也娶了媳妇，当了爸爸。一天，媳妇很生气地说："这块石头把我绊了好几次，我看它越来越不顺眼，你找人把他挖走吧。"丈夫回答道："省省吧，如果能挖动，在我爷爷那代早就没有了，还能让它留到现在吗？"

媳妇心想，不管怎样一定要把它挖走。第二日一大早，媳妇就带着锄头去挖石头了，她先使劲推了推石头，发现石头和地面产生了一条缝隙。她大喜过望，心想就是挖上三天三夜她也要把它挖掉。她用锄头顺着这条缝向下挖去，没挖几分钟，石头居然有些松动，她用劲一推，石头就歪倒在了一边。她仔细看了看，埋在土里的那部分很浅，还没有露在地面上的三分之一多。

三代人都没有挖走的石头，就在媳妇的锄头下轻而易举地被挖掉了。这说明，任何一件事情的成功与否，都不是仅靠想就可以的，因为你一定会想出各种各样的难题，这些难题就是阻碍你成功的绊脚石，而是一定要付出实实在在的行动，只有果断地采取行动了，你才能真正地解决问题，才能知道事情的结局是什么样的。

如果你把每月的花销做个计划，存起节余的部分，也许到年底你真的能买一辆车或者还掉贷款；如果你每天抽用半个小时的时间学习外语，你学会一门外语的愿望肯定能实现。

"想做，就立刻去做！"这是所有成功人士的肺腑之言。

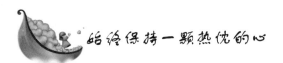

始终保持一颗热忱的心

热忱是一种难能可贵的品质，就如拿破仑·希尔所说："要想获得这个世界上最大的奖赏，你必须像最伟大的开拓者一样，将所拥有的梦想转化成为实现梦想而献身的热情，以此来发展和销售自己的才能。"

拿破仑·希尔是世界上最伟大的励志大师，他那永远如火如荼的热情，激励了成千上万的人。他自己的一生也是在快乐中度过，并且获得了极大的成功。

他回忆说，小时候的自己缺乏激情，对做什么都缺乏激情。

有一次，在一个浓雾弥漫的夜晚，拿破仑·希尔和母亲一道乘船从新泽西去纽约。在船上，母亲高兴地说道："希尔，你来看，现在的夜景是多么令人惊心动魄啊！"

"有什么奇怪的？"拿破仑·希尔问道。

母亲依旧充满热情："你没看到吗？浓雾，四周若隐若现的光，以及消失在雾中的船和船上令人迷惑的灯光，这是多么动人的一幅画面啊。"

被母亲的热情所感染，拿破仑·希尔真的也感受到了那厚厚的白雾中隐藏着的神秘。拿破仑·希尔那颗一度迟钝的心，从此不再毫无知觉了。

母亲注视着拿破仑·希尔说："你仔细听着，我要给你一个忠告，你要永远记住。那就是：世界从来就有美丽和兴奋存在，它本身就是如此动人、令人神往，所以你自己必须对它敏感，永远不要让自己感觉迟钝、嗅觉不灵，永远不要让自己失去那份应有的热情。"

拿破仑·希尔一直牢记母亲的话，而且也试着去做，就是让自己的心一直保持热忱。这使他不论在怎样的环境下，始终具有乐观的心态和积极向上的力量。

如果一个人有一颗热忱的心，那么毫无疑问，现实将会给他带来奇迹。如果我们留心去观察那些成功人士，他们必定都具有这种能力和特点。即使两人具有完全相同的能力，也一定是更具热情的那个人会取得更大的成就。好的母亲与伟大的母亲、好的演说家与伟大的演说家、好的推销员与伟大的推销员之间的差别，时常就在于有无热情。

刘勇高中毕业后就辍学了，他没有什么特别的专长，干过开车、家政服务等不需要学历的工作。

他不是一个擅长交际的人，对自己的工作也没有什么兴趣，因此并不受老板和同事们的欢迎，日子过得很苦闷。他从一个普通的工作换到另一个普通的工作，看不出自己有什么前途，每天只能马马虎虎地混日子。

在一次偶然的机会，刘勇遇到了一个励志专家。于是他向专家

72

诉说自己的苦闷，并向专家求助是否有更好的方法帮助自己改变。

在简单的聊天以后，专家很快就得出了结论，他的失败和不快乐在于缺少生活热情，其实这是在生活中可以做到的事。

专家问他："你为什么不自己做生意？"

"我做什么生意？学历、钱、经验，我一样都没有。"刘勇说。

"那你有空闲时间都做些什么？"

"什么也不做，只是偶尔会去摆弄些花草。"

"那你为什么不开个花店，这样可以自己当老板。"

听了专家的建议，刘勇的眼睛开始发亮了。他只需要花点钱租个店面，就可以开始自己当老板的生活。

他果然开始这样去做了，在报纸上登了个求租门面的广告。几天后，有一些电话打给他，询问他是否要租门面。很快，他就租到了门面，并且真地把花店开了起来。他的生意做得有声有色，收入得到了很大的提高，同时，他的快乐也与日俱增。

麦克阿瑟在南太平洋指挥盟军的时候，办公室墙上挂着一块牌子，上面写着这样一段座右铭："你有信仰就年轻，疑惑就年老；你有自信就年轻，畏惧就年老；你有希望就年轻，绝望就年老；岁月使你衰老，但是失去了热忱，就损伤了灵魂。"这是对热忱最好的赞词。培养和发挥热忱的特性，我们就可以给手头的每件事情加上火花和趣味。

对于我们每个人来说，热情就如同生命。热情可以让我们释放出潜在的巨大能量，也可以帮助我们把枯燥乏味的工作变得生动有趣，还可以让我们充满活力，可以感染周围的同事，拥有良好的人际关系。如果一个人能始终保持一颗热忱的心，不管手头的事情是多么的"微不足道"，他都能付出100%的热情来对待，很快他就会发现，原来每天的生活竟会是如此的充实、美好。

第三章　做足准备，迎接明天

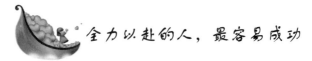

全力以赴的人，最容易成功

尽力而为是安慰自己的托辞，也是推卸责任的借口。它会使强者变弱，让人很少能够成功；全力以赴则可能使弱者变强，让人能够有所成就，它是做事应有的态度，更是成就事业的关键。

每个人都想成功，可是，我们常常听到的是"我已经尽力了"，却很少看到有人全力以赴地工作。这就是为什么生活中成功的人很少，而抱怨的人很多。随着岁月的流逝，如果一个人一直郁郁不得志，那种尽力而为的思想只会更加严重，造成一个人毫无进取之心，更缺少决绝之志，最后只有蹉跎一生。

当一个人说"我已经尽力了"时，其实他还远远没有发挥出自己的潜力，也远远不知道自己究竟能够做成什么。

当一个人说"我要尽力而为"时，其实就已经给自己设了一个限制，不能让自己的能力得到全面展现，相反使自己的能力大打折扣。

当一个人习惯于用"尽力而为"来完成工作时，已经代表着一事无成。尽力而为，那是精神上的畏惧，那是没有自信的表现。但是，当你对一件事全力以赴时，那么你已经成功一半了。

有一年冬天，一个猎人带着猎狗去打猎。猎人一枪击中了一只兔子的后腿，受伤的兔子拼命地逃生，猎狗在猎人的指示下也是飞奔去追赶兔子。可是追了一阵子，兔子跑得越来越远了，猎狗知道追不上了，只好悻悻地回到了猎人的身边。

猎人非常生气地大骂道："你真没用，连一只受伤的兔子都追不到！"

猎狗听了很不服气地辩解道："我已经尽力而为了！"

兔子带着枪伤成功地逃生回家后，家人们都围过来惊讶地问它："你拖着受伤的腿，是怎么逃过猎狗追赶的呢？"

兔子回答："猎狗追我，是为了一餐饭在工作，所以他只是做到尽力而为；而我是为了逃命在奔跑，我必须全力以赴。所以我赢了。"

这就是"尽力而为"和"全力以赴"之间巨大的差别。

在工作中，我们需要时常问一下自己的心，自己今天是尽力而为的猎狗，还是全力以赴的兔子呢？如果是尽力而为的猎狗，那是什么阻止了我们全力以赴呢？

那些尽力而为的人，总觉得工作是给老板做事，是给公司做事，却从来没有觉得工作是自己的事情。正是因为有了为别人工作的错误想法，才有了尽力而为的错误做法，所以对事情能不能完成、结果好不好没有那么在意。

只有那些全力以赴工作的员工才会懂得，工作是自己的，是为了自己而工作。工作，主观是自己的学习和成长，客观是企业的发展和壮大。全力以赴地为自己而工作，才能给自己创造一个更加美好的未来。

工作中，要变"尽力而为"为"全力以赴"，不讲条件、不讲理由地完成任务。只有全力以赴才能真正做到无悔，不留一点遗憾，才能真正对得住自己。

全力以赴的人，能够激发自身的潜能，达到更高的高度。心理学家曾经指出，一般人的潜能只开发了10%左右，还有90%还处于沉睡状态。全力以赴则是对自身潜能的最大挖掘，所以它成了必要时进行自救的法宝。

曾经听过这样一个故事：一个孩子悬在崖边，他的母亲紧紧地咬住了孩子的衣服，这才让孩子没有掉下去。等到救援队伍到来的时候，这位母亲已经坚持了几个小时。若在平时，用牙齿承受几十斤的重量，不过两分钟牙齿就会酸痛难忍，让人不得不放弃。但是这位母亲却坚持了几个小时，如果只是尽力而为是一定做不到的。

要做到全力以赴，首先就必须要端正思想。企业里的每一位员工都有自己的角色定位，但无论你从事什么样的工作，都必须时刻保持一种全力以赴的工作状态，在不断挖掘自身潜力的过程中，最大限度地延长个人的职业生涯，并以此来回报公司，达到个人与公司双赢的良好局面。

75

如果你想成为一名成功的人，你就必须全力以赴地对待自己的事业。只有全力以赴的人，才是企业最需要的人，也只有全力以赴的人，才是最容易获得成功的人。

知道还不够，更要做到

在北京举办的"杰克·韦尔奇与中国企业高峰论坛"上，曾有中国的企业家这样问杰克·韦尔奇："我们大家知道的都差不多，但为什么我们与你们的差距那么大呢？"

杰克·韦尔奇的回答是："你们是知道了，但是我们却是做到了。"

这个答案简单得出人意料，但是却让人懂得了差距的真谛：知道还不够，更要做到，否则，再好的计划，再宏伟的目标，都只能是空谈。

"知道"虽然很重要，但如果仅仅停留在这个层次上，再好的理念、再好的原则、再好的方法、再高的智慧，也都是毫无意义的，而最重要的是"做到"。

老凤凰在垂暮之年，又一次取得了举世闻名的辉煌成果，获得了国际大奖，成了享誉全球的"明星"。

许多鸟儿都纷纷请他介绍成功的经验，老凤凰觉得盛情难却，只好去做演讲。

老凤凰说："其实我说的话书本上都有，我也没有什么好说的。以我个人的经验来看，主要有以下几点：一、要勤思好学，肯动脑筋，善于思考，学以致用。二、能正确地认识自己，联系现实，选准适合自己的努力方向和目标。三、无论做什么事，都要有信心和热情还要有毅力，能集中精力，把工作做到位，能坚持不懈。四、要珍惜时间，劳逸结合，注意身体健康，养成良好的生活习惯。当然，如果大家还可以把握机遇的话，那就更好了。"老凤凰的话只讲了几分钟就完了。

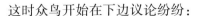

这时众鸟开始在下边议论纷纷：

"就这些呀？真没劲！"

"净是些大道理，这谁不知道呀！"

"太令人失望了，一点也不精彩！"

"就他说的这些，我早就知道了！"

老凤凰看出了大家的失望情绪，就说："如果大家没有问题了，我就回去工作了！"

这时，一只鸟儿站出来问道："你刚才说的话，我们早都知道了，你还有别的要说吗？"

老凤凰想了想说："好吧，我有件事情想问大家，请长期抽烟的朋友举手。"

烟民都纷纷举起手来。

老凤凰说："好了，你们可以把手放下了，吸烟有害健康，大家以前知道吗？"

"知道！"众烟民异口同声地说。

"那你们戒烟了没有？"老凤凰问。

这次大家没人回答了。

老凤凰又说："刚才我说的几条，我知道你们早就知道，但我就想问问，你们都做到了吗？"

众鸟面面相觑，鸦雀无声。

很简单，"知道"不等于"做到"。这就像人们都"知道"吸烟的害处，但真正"做到"戒烟的人却没有几个一样，要从"知道"到"做到"，还有很长的距离，还要付出非常大的代价。

人们总觉得仿佛"知道"了，就大功告成了，就万事大吉了。正因为如此，如今在我们周围，有一些人就是这样，谈起来头头是道，却没一个能做到的。

我们都知道"千里之行始于足下"的道理，可又有几个人懂得坚持不懈、永恒进取的魅力？真正能做到并落实到行动上的人更是少之又少。

古时候，在偏远的山区住着两个和尚，他们一个非常贫穷，另一个比较富裕。有一天，穷和尚对富和尚说："我想到南海去，您觉

77

得怎么样?"富和尚说:"你凭借什么去呢?"穷和尚回答说:"我只需要一个水瓶、一个饭钵就足够了。"富和尚说:"我多年来就想租条船沿着长江而下,可到现在还没做到呢,你凭什么去?"

第二年,穷和尚从南海旅行归来,把去南海的经历告诉了富和尚,富和尚羞愧难当。

这个小寓言故事说明了一个简单的道理:说一尺不如行一寸。一切美好的愿望都需要我们去执行,没有行动,那么,再美好的梦想也只能化为泡影。

我们正处在一个讲究效率的时代,时刻存在着很多不确定因素,稍有迟疑,就可能使原来非常杰出的构思,在刹那之间变得一文不值。所以今天所想的好主意一定要今天就实行。

如果你希望从平凡走向卓越,那么你一定要记得不仅要"知道",而且更应该要"做到"。

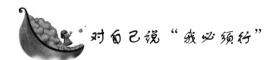

对自己说"我必须行"

在动物界,跳蚤应该算得上最优秀的"跳高健将",其迅即跳起的高度,竟然能达到其身高的100倍以上!

有科学家对跳蚤做过一个这样的实验:

在一只跳蚤的头上罩一个玻璃罩,一拍桌子,跳蚤就会迅速跳起来,然后碰到了玻璃罩。连续拍打桌子,跳蚤为避免碰到玻璃罩,每一次跳起的高度逐渐降低,最终保持在罩顶以下的高度。

接下来,科学家逐渐降低玻璃罩的高度,在碰壁后,跳蚤会主动改变自己跳跃的高度。最后,当玻璃罩的高度低至几乎与桌面接触时,跳蚤已不能再跳了。

科学家于是把玻璃罩打开,再拍桌子,这只跳蚤竟然变成了不会跳、只会爬的"爬蚤"了。

跳蚤在一次次的受挫后,变得麻木了,丧失了跳跃的思想,最终竟然连跳跃的能力也彻底丧失了。于是,当现实的玻璃罩已经不存在后，跳蚤心中的玻璃罩却依然存在，它已经不敢再跳，彻彻底底地变成了一只"爬蚤"。

生活中，和那只跳蚤一样的人有很多，他们经常会在脑海中想象出一个又一个可怕的"玻璃罩"，心甘情愿地被困在里面。他们"一朝被蛇咬，十年怕井绳"，因为曾经在人生路上经历过某些挫折，便在再遇到同样的困难时习惯性地选择回避，丧失了挑战困难的勇气。

可事实上，时间在改变着一切，过去难以逾越的障碍，也许在今天根本就是很容易完成的事，只是因为你人为地放大了困难，把"井绳"当成了"蛇"，不敢去尝试突破，结果将自己局限于越来越小的范围内，以致丧失本来属于自己的机会。很多时候，只要你敢于尝试着去寻找解决问题的方法，而不是被原来的失败经验所吓倒，很快就会发现，原来的所谓困难是不存在的。到那时，再回头看曾经在"玻璃罩"中的自己，就会为自己当时短浅的目光和怯懦的心态而感到可笑。

生活中，很多人会因为自己的学历、年龄，甚至身高、相貌等自惭形秽。例如，我们经常听人说，外语、电脑都是属于年轻人的，我已经老了，好多东西都已经学不会了。其实他们这样想，是因为被自己的思维束缚了。老年不是学习外语或电脑的最佳时期，但这并不代表就一定会学不会，只不过需要比年轻人付出更多的努力罢了。

很多时候，阻碍我们成功的，仅仅是我们心理上的障碍和思想中的顽石。只要我们敢于去尝试，成功的到来也许比想象的要容易很多。

法国人马维尔是一位出色的记者，他曾经在美国的南北内战时采访过林肯，并且向林肯提出过这样一个问题："总统先生，据我所知，废除黑奴制度并不是由您最早想出来的，上两届总统都想过这个问题，并且在那时候就已经草拟出了《解放黑奴宣言》，可是他们最终都没有签署它。您能成就英名是不是因为他们有意想把这一项伟大的事业留给您留下来？"

林肯："可能有这个意思吧。不过，如果他们知道签署它只需要拿起笔就可以了，我想他们一定会非常懊悔。"马维尔本想继续追问，但林肯的马车已经出发了，这句话的含义究竟是什么，这个问题很长时间一直困扰着他。

在林肯去世50年后，马维尔从林肯档案中找到了一封信，终于解开了心中的疑问。这封信是林肯写给一个朋友的，在信中，林肯谈到了幼年时的一段经历：

"我父亲在西雅图有一处农场，地上有许多石头。正因如此，父亲才得以较低的价格买下。有一天，母亲建议把地上的石头搬走。父亲说，如果可以搬，主人就不会卖给我们了，它们是一座座小山头，都与大山连着。有一年，父亲去城里买马，母亲带我们在农场里劳动。母亲说，让我们把这些碍事的东西搬走好吗？于是我们开始挖那一块块石头。不长时间，就把它们给弄走了，因为它们并不像父亲想象的山头，而是一块块孤零零的石块，只要往下挖一英尺，就可以把它们晃动。"

林肯在信的末尾说，有些事情，人们之所以不去做，只是因为他们认为不可能。其实，有许多不可能，只存在于人的想象之中。

要想改变你的世界，必须先改变你自己的心态。你若抱着溺死的想法去游泳，便永远找不到游泳的乐趣。如果你不走出去，永远不知道世界有多大；如果你不真正地去做一件事，你永远不会知道自己能不能成功。

不要让行动败给了思维，不要让思维束缚了行动，学习尝试，冲破定向思维。

我们中许多人都缺乏"必须能"的思想。我们总是担心事情会出现很糟糕的结果，并且反复提醒着自己"我不行"、"我做不到"、"我不能"。而事实上，这种担忧根本是不必要的，它们只会成为我们前进路上的绊脚石，有百害而无一益。

一旦你对自己说"我必须行"，或者环境逼迫自己必须行的时候，你就会跨越那些障碍，把事情做成。当看到事情的结果时，你会发现，一切都没什么了不起的，这并不像想象中的那么难，你不但可以做到，而且可以做好。

"永远都要坐前排"的强烈欲望

著名的成功学大师拿破仑·希尔把世界上的人分为两种类型：一是领导者，二是跟随者。二者取得的成就之间的差别是很大的，跟随者永远不可能有理由期望获得和领导者同样的成就。

据说有这样一个故事：

有一次，拿破仑颇有些得意地对他的秘书说："你也将会永垂不朽了。"

秘书没有明白这是什么意思，拿破仑于是进一步说："你不是我的秘书吗？"意思是说秘书会因为借着自己的名气沾一点光，让世人知道他。

秘书反问道："请问亚历山大的秘书是谁？"

拿破仑张口结舌，无法回答。他听懂了他秘书的话：连亚历山大的秘书是谁都无人知晓，何况你拿破仑的秘书？

这个故事给我们的启示是，人们往往只能记住领导者，而记不住跟随者，如同人们只知道拿破仑，并不知道拿破仑的秘书是谁；只知道亚历山大，并不知道亚历山大的秘书是谁。

同样，如果有人提问："你知道世界第一高峰吗？"绝大多数人都知道是珠穆朗玛峰，可如果再问："第二高峰？"许多人就不知道了。

如果有人问你："世界上第一个登上月球的人是谁？"很多人都知道是阿姆斯特朗，可如果再问："第二个人是谁？"大部分人都不知道了。

世界第二高峰是乔戈里峰，海拔8611米，只比珠穆朗玛峰矮了200多米；世界上第二个登上月球的人是奥尔德林，只比阿姆斯特朗晚了19分钟。

第一和第二的实际差距可能很小，但是影响力却差异巨大。人们只记住了第一，而没有记住第二。

第三章 做足准备，迎接明天

81

所以要想取得最大的成就，你就要努力在你选择的行业中成为一名领导者，而不是当一名跟随者。事实上，三百六十行，行行出状元，只要你愿意，你永远能找到属于自己的第一。例如，"谷歌"是"最好的搜索引擎"，所以"百度"定位自己是"最好的中文搜索引擎"；李小龙的真功夫很难有人能超越，所以成龙选择了诙谐武打第一；在香港艺人"四大天王"中，张学友不是最帅的，所以他选择了歌技第一；影星刘若英不够漂亮，却写文章，写书，她是知性第一；天后王菲刚出道时号称"邓丽君第二"，始终默默无闻，后来成为了个性第……

在这个世界上，想当领导者的人不少，真正能够成为领导者的人却总是不多。许多人之所以不能成为领导者，就是因为他们把"成为领导者"仅仅当成一种人生理想，而没有采取具体行动。那些最终成为领导者的人，之所以成功是因为他们不但有理想，更重要的是他们把理想变成了行动。

英国前首相玛格丽特·撒切尔夫人出生在英国一个不出名的小镇，自小就受到严格的家庭教育。父亲经常对她说："孩子，永远都要坐前排。"父亲从小就给她灌输这样的观念：做任何事情都要力争一流，"即使是坐公共汽车，你也要永远坐在前排。"这是父亲对她的教诲，父亲从来都不允许她说"我不能"或者"太难了"之类的话。

正因为从小受到父亲的"残酷"教育，玛格丽特培养了积极向上的决心和信心。在学校里，玛格丽特永远是最勤恳的学生，是最优秀的学生之一。她以出类拔萃的成绩顺利地升入了当时像她那样出身的学生绝少奢望进入的文法中学。

在玛格丽特满17岁的时候，她便将从政作为自己的人生追求。然而，那个时候，进入英国政坛要有一定的党派背景。她本身出身保守党派气氛的家庭，但想要从政，还必须要有正式的保守党派关系，而当时的牛津大学就是保守党最大的俱乐部所在地。

一天，玛格丽特走进校长办公室说："校长，我想现在就去考牛津大学的萨默维尔学院。"

女校长难以置信，说："什么？你是不是欠缺考虑？你现在还没

学过一节课的拉丁语呢，怎么去考牛津？"

"拉丁语我可以掌握！"

"才17岁，而且你还有一年才能毕业，你必须毕业后再考虑这件事。"

"我可以申请跳级！"

"绝对不可能，而且我也不会同意。"

"你在阻挠我的理想！"玛格丽特头也不回地走出了校长办公室。回家后，她取得父亲的支持，就开始了艰苦的复习、学习备考工作，并且提前几个月便得到了高年级学校的合格证书。她参加了大学考试，很快便收到了牛津大学萨默维尔学院的入学通知书。

上大学时，她凭着自己顽强的毅力和拼搏精神，硬是在1年内全部学完了本来需要学习5年的拉丁文课程，并取得了相当优异的考试成绩。其实，不光是学业上出类拔萃，在其他方面，如体育、音乐、演讲及学校活动等，玛格丽特也都一直走在前列。学校的校长这样评价她："她是我们建校以来最优秀的学生，她总是雄心勃勃，每件事都做得很出色。"

40多年后，对人生理想孜孜以求的她终于如愿以偿。她连续4年当上保守党领袖，并于1979年成为英国第一位女首相，雄踞政坛11年之久，成为了英国乃至整个欧洲政坛上一颗耀眼的明星，被世界政坛誉为"铁娘子"。

玛格丽特的成功，在于她不仅仅有"永远都要坐前排"的理想，而且把理想变成了争创一流的行动。无论是在学习、生活还是在工作中，玛格丽特时时牢记父亲的教导，总抱着一往无前的精神和必胜的信念，尽自己最大的努力克服一切困难，把每一件事情都做到最好，以自己的行动实践着"永远坐前排"。

当然，没有人天生就是领导者，即使那些最伟大的领导者，也是从跟随者开始的，只是他们并没有让自己停留在追随者的境界。他们在当跟随者时，就不断地从不同的领导者那里获得知识，培养自己的领导才能。他们有"争当第一"的强烈欲望，敢于冒大的风险，通过不懈努力，终于使自己成为有能力的领导者。

83

第四章　勤奋学习，赢得明天

　　我们要相信每一个人都是读书的好材料。学习无贵贱之分，关键在于"勤奋"二字。即使家庭条件再差也要想办法坚持读书学习，方能最终改变贫穷的命运。

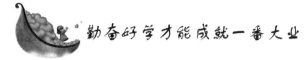
勤奋好学才能成就一番大业

有一个故事，主要讲述了一个叫方仲永的神童因为没有得到后天的教育而沦为普通人的道理。方仲永 5 岁就能作得一手好诗，受到乡里县里秀才们的高度赞美。同县的人对这个神童的才华感到惊奇，渐渐地请他的父亲去做客，花钱求方仲永题诗。于是，方仲永的父亲每天牵着他四处拜访同县的人，而不是让他继续读书学习。结果，方仲永长到十二三岁的时候，他的才华退步了，又过了 7 年，他完全同平常人一样了。

这是一个天才少年没有接受后天的读书教育而产生的悲剧，书中作者借王先生之口感叹地说：

仲永的通达聪慧是天赋的。他的天资，比一般有才能的人高得多。他最终成为一个平凡的人，是因为他没有受到后天的教育。像他那样天生聪明，如此有才智，没有受到后天的教育，尚且要成为平凡的人，那么，现在那些不是天生聪明，本来就是平凡的人，又不接受后天的教育，想成为一个平常的人恐怕都不能够吧！

少年时被人们赞扬，就得意忘形不去用功读书，那是非常愚蠢的。做父母的若过分地以孩子"聪明"为荣，并不够重视对孩子的继续培养，最终将"聪明反被聪明误"，其潜在的危机终有一天会暴露出来。在这方面，我们自己也要有深刻的认识，不要因为得到别人的几句赞扬就停止了努力学习的脚步。

"龟兔赛跑"的故事我们都知道，可是，要理解它的真正内涵，也许没有这样经历的人很难体会到。它的意义至今甚至永远都有价值。

龟兔赛跑，龟慢兔快，兔子肯定是赢定了才是，可是兔子太骄傲自大，自认为了不起，跑一会儿不见龟的踪影，就就地休息，进入了梦乡，心里还美滋滋想着自己会得第一，而嘲笑龟的笨拙。但是龟却凭着恒心，一步步向前，结果反而比兔子先到达了终点。

读书学习也一样，不能骄傲自满，必须持之以恒，谦虚刻苦学习。要有"金石可镂，水可穿石"的精神，切忌一曝十寒、朝三暮四。只有凭着锲而不舍的刻苦勤奋才能在学业上不断地有新的进步。

记得小时候我们总是喜欢把一些励志名言用毛笔书写成大大的条幅挂在自己的房间墙头，"宝剑锋从磨砺出，一梅花香自苦寒来"一句怕是最能表达我们读书人的心声了。没有刻苦勤奋的读书学习，哪里有明天的幸福？青春少年正是读书学习的最好时光，若在此时多付出一分辛苦，以后就会多几分人生的收获。

一个人开始时不够勤奋不要紧，关键是在意识到了读书的重要性以后就要开始苦读和勤学。也不要总认为自己没有读书的天分而停滞不前，没有一个人天生就会读书的。从古至今，"笨鸟先飞"的例子举不胜举。在你立下读书成才的志向后，不要太在乎别人鄙视的眼光，只要你成为了一个好学之人，你的亲友、老师和同学就会向你投来赞许和尊敬的目光。

古代中国的战国时代有个叫宁越的人，就是苦学成才的典范。他原是一介农夫，由于他意识到读书的重要性，开始发奋读书。别人休息时他不休息，别人睡觉时他不睡觉，这样学了15年，终于从一个无学问的人，变为一个饱学之士，就连堂堂的周威王也拜他为师。为此，刘向在《说苑·建本》中如此感叹道："今以宁越之材，而久不止，其为诸侯师，岂不宜哉？"

我们要相信每一个人都是读书的好材料。学习无贵贱之分，关键在于"勤奋"二字。即使家庭条件再差也要想办法坚持读书学习，方能最终改变贫穷的命运。不向恶劣的、贫穷的环境低头，出身贫困的普通人，由于专心致志勤奋好学，也能够成就一番大业。出身富贵家庭的人，总认为有足够的财富，用不着去辛苦读书，到老了知识贫乏、思想平庸，反而可能会陷入苦海。

第四章　勤奋学习，赢得明天

87

刻苦读书可以改变命运

我们要坚信勤奋出天才，刻苦读书可以改变自己的命运。千万不能拿贫困的出身作借口不去读书，自卑自怜，自己瞧不起自己，是世界上最可悲的事情了。

《西京杂记》中记载了一个"凿壁偷光"的感人故事，说的是一个叫匡衡的人出生于一个贫农家庭，小时候家里穷得连灯油也买不起。到了晚上，家人都早早地就睡觉了，可他不甘心永远生活在那种恶劣的、贫困的生活环境中，于是，他偷偷地在自家的墙壁上凿了一个小洞洞，通过"偷"隔壁人家的灯光来看书，他很清楚只有通过读书才能改变自己的贫困命运。经过锲而不舍的努力，匡衡最后成为一个大学问家，并且官至丞相。

《晋书·车胤传》中也记载着一个"囊萤照读"刻苦读书的故事。车胤小时候非常喜欢读书，却因为家中贫困，学习时无灯火可照明。于是，他捉来数十只萤火虫，放在编织好的网囊中，以晚上读书照明时用。由于他不断勤学苦读，后终因拥有渊博的学识而被重用。车胤虽出身低微，却没有自暴自弃，反而勤奋好学，不仅得到了社会的承认，而且美名远扬。

人世间，无论是思想家、科学家还是艺术家、作家，大凡有成就的人都是勤劳的人。他们付出的努力也总是比常人多上千万倍，所以他们能够成为对人类有所贡献的人。

勤劳是做人的根本，是读书的根本。聪明而勤奋的学生，会变得更聪明，更热爱学习，更有责任感，将来也一定能成为一个正直守信的人。不太聪明但勤奋好学的学生，即使考不上理想的大学，将来走出校园参加工作，凭借自己的勤奋也能站稳脚跟，有所发展。聪明而不勤奋，或过去勤奋后来又变懒惰的学生，最终会变得自私、贪婪，从而出现作弊、蒙骗老师和同学的恶习，产生不劳而获的愚蠢的想法。这是对自己和他人极不负责的表现，这样的人怎么能有美好的将来呢?

中国科技大学有个少年班,班里的学生个个都是全国顶尖的聪明孩子,按理说应该人人都有大好前途才对,但也有个别人不久后就荒废了学业,什么原因呢? 其实就是因为进了大学后的"神童"没以前那样勤奋好学了。当然,绝大部分少年班的学生取得了出色的成绩,他们自己和他们的老师总结成功经验时都觉得,最重要的一条,是因为他们付出了比一般少年更多的努力和心血。

爱迪生说:"有些人以为我所以在许多事情上有成就,是因为我有什么'天才',这是不正确的。无论哪个头脑清楚的人,都能像我一样有成就,如果他肯拼命钻研。"他又说:"天才,就是百分之一的灵感加上百分之九十九的血汗。"事实确实如此,勤奋才能出天才。

科技大学第七期少年班有个陈冰青同学,因为其貌不扬,土里土气,同学们给他取了个形象的绰号——"老饼"。刚进大学时,"老饼"的入学成绩就像他的土气绰号一样很不起眼。然而,"老饼"在少年班 3 年学习时的主课平均成绩高达 94 分。他不但获得了科大最高荣誉奖——郭沫若奖学金,并提前两年参加中美联合招收赴美物理学研究生考试,以全国第二名的佳绩被美国第一流大学——普林斯顿大学录取。

"老饼"学习成功的秘诀便是勤奋。他每天背着一个鼓鼓囊囊的书包,奔走于校园的"三点一线"上,风雨无阻。有一次,他因英语摸底考试不理想,就自制许多词汇卡,挂在床前床后。每晚的美国电台教英语节目一到,他就抱着收音机到校园的草坪上收听,即使是阴冷难耐的冬日也一如既往。他最后成了少年班里公认的"英语活字典"。

"吃得苦中苦,方为人上人",这是离我们很近的勤奋苦读成才的典范。天资如此聪颖的孩子尚且能够勤学苦读,我们这些资质平平的学生要想成才,是不是应该付出更多的努力才对呢?

《三字经》里有这样一句话:"玉不琢,不成器;人不学,不知义。"天才就像一块美玉一样,虽说天生就是块好材料,可是不去雕琢它,它就不会成为价值连城的宝器。学校里学习最好的同学不一定是最聪明的，但却是最勤奋，最刻苦的。

发现了万有引力的剑桥奇才、伟大的科学家牛顿小时候是学校出了名的"笨蛋"，学习成绩始终是班里的倒数几名。不过后来他在父母老师的鼓励下开始发奋学习，进入剑桥大学后，他一待就是30年。在这30年中，他常常每天坚持工作十六七个小时之久，把所有的精力都奉献给了科学实验和物理学研究事业。

牛顿之所以成为了闻名世界的人物是因为他是天才吗？不是的。正所谓"天才在于勤奋，聪明在于积累"。牛顿的成功是因为他的勤奋学习。

富兰克林说："礼拜日是我的读书日。"

达尔文说："我相信，我没有偷过半小时的懒。"

托尔斯泰说："天才的十分之一是灵感，十分之九是血汗。"

华罗庚说："我不否认人有天资的差别，但是根本的问题是勤奋的问题。我小时候念书时，家里人说我笨，老师说我没有学数学的特别才能。这对我来说，不是坏事，反而是好事。我知道自己不行，就会更加努力。经常反问自己：我努力得够不够？"

这些时代的巨人们之所以给世人留下了举世瞩目的成就，都应归功于他们勤奋治学的态度。他们是和懒惰无缘的，他们只知道执著于自己的创造，为人类的进步贡献力量。我们要做他们一样勤奋的人。

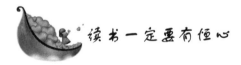 读书一定要有恒心

让我们来看看历史上的一些伟人们的成就，无不是来源于勤奋：

司马迁写《史记》花了15年。

司马光写《资治通鉴》花了19年。

达尔文写《物种起源》花了20年。

李时珍写《本草纲目》花了27年。

哥白尼写《天体运行论》花了37年。

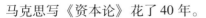

马克思写《资本论》花了 40 年。

歌德写《浮士德》花了 60 年。

看到这些历经数十年才获得的伟大成就，你有何感想呢？这些作品之所以名垂千古，是由于它们是作者长年累月呕心沥血积累而成。从中我们可以体会到中国的古训"绳锯木断，水滴石穿"的深刻内涵，可以看出小小的一根绳子，小小的一滴水的巨大的力量。

我们生活中的许多同学们缺的就是"锯木"和"滴水"的精神。有的中学生平时上课不认真听讲，只能在临考前一个礼拜抱抱佛脚，所有科目集中在这几天复习，又是写，又是算，又是记，又是背，废寝忘食、夜以继日地准备考试过关。考试确实通过了，但成绩平平，远没有平时认真学习，临考复习不慌不忙、正常饮食起居的同学。

从中我们可以看出，前一种学生的学法是一曝十寒，平时不努力，临考才着急，当然见效慢。后者则重在平时的积累，学好每一天的知识，持之以恒。这样犹如水滴石穿，绳锯木断般功到自然成，临考也以平常心对待，怎么会没有稳定的好成绩呢？

爱因斯坦说："智慧并不产生于学历，而是来自于对知识的终生不懈追求。"

英国科学家道尔顿，为了研究气象，从年轻时起，他每天晚上 9 点半开始记录当天的天气情况，夜夜如此，从不间断，坚持了 57 年。在他病逝的前几个小时，还进行了最后一次观测，用颤抖的手记下："今晚微雨。"

我国近代地理学的奠基人竺可桢，为了研究中国气象，仅从 1936 年到他病逝的 36 年零 37 天里，他天天写关于中国气象的日记达 800 万字，无论遇到什么困难，无一天间歇。

爱迪生发明电灯，为了找一种合适的灯丝，前后试验了 1600 多种材料，经过 5 万次实验，最后选择钨作灯丝，终于制成电灯。

有一位老教授，学问非常高，深受同学们的敬重。但是有一天，大家到他家去玩，发现教授书架上的书并不很多，就问教授："难道您只读了这些书，就能成那么大的学问吗？"

老教授笑了笑，从书架上拿下一本书说："我唯一跟你们不同的是：你们的书往往前面翻得很旧，后面却是新的，而我的书则愈到后面翻得愈破。"

这句话听来简单，意义实在是太深了。也就是说，一般学生读书往往缺乏恒心，以致虎头蛇尾，老教授却能向深处钻研，所以有丰富的收获。

人贵有志，学贵有恒。要学会持之以恒，就要目标始终如一，不能见异思迁。这就如同挖井，如果水源是在地面 10 米以下，你挖了七八米，还不见水，心浮气躁，换一个地方再挖；又挖了六七米还不见水，就又换个地方挖；再不见水，又换地方挖。换来换去，都是相差两三米就成功了。那么，你将永远也挖不出有水的井来。所谓"为山九仞，功亏一篑"，意思是说，本想堆成一座高山，由于只差一筐土而没有完成。见异思迁的挖井者，不断改换目标，力气也用了不少，每次都是在接近成功时，前功尽弃。现代社会的中学生尤其要做到目标始终如一，因为我们面对的是信息滔滔、红尘滚滚的现代社会，这个社会机遇多，诱惑也多，面对各种各样的诱惑，不成熟的中学生，很容易放弃自己最初的目标，而去追逐一些所谓时髦的时尚。

要持之以恒就要有耐心，要耐得住胜利前的寂寞，经受得住胜利前的失败。

爱迪生发明灯泡前搞了 5 万次实验，前 4 万多次都是以失败告终，没有鲜花和掌声，只有寂寞和冷淡。如果他因此而放弃，那就会前功尽弃。我们现代中学生面临的现代社会，相当多的人急功近利，心浮气躁。如果不磨炼自己的意志，耐不住寂寞，经受不住失败的考验，很容易也成为急功近利、心浮气躁的人。

我们应该懂得一个道理：读书一定要有恒心。一个人读书，如果从小学到大学，最少需要 16 年，读到硕士需要 20 年，读到博士要 24 年，可见，读书不是一朝一夕的事情，必须要有持之以恒的精神，才能取得最后的成就。

 天道酬勤，勤奋出真知

没有人能只依靠天分成功。上帝给予了天分，勤奋将天分变为天才。

曾国藩是中国历史上最有影响的人物之一，然而他小时候的天赋却不高。有一天在家读书，对一篇文章重复不知道多少遍了，还在朗读，因为，他还没有背下来。这时候他家来了一个贼，潜伏在他的屋檐下，希望等读书人睡觉之后捞点好处。可是等啊等，就是不见他睡觉，还是翻来覆去地读那篇文章。贼人大怒，跳出来说："这种水平读什么书？"然后将那文章背诵一遍，扬长而去！

贼人是很聪明，至少比曾先生要聪明，但是他只能成为贼，而曾先生却成为了毛泽东都钦佩的人："近代最有大本夫源的人。"

"勤能补拙是良训，一分辛苦一分才。"那贼的记忆力真好，听过几遍的文章都能背下来，而且很勇敢，见别人不睡觉居然可以跳出来"大怒"，教训曾先生之后，还要背书，扬长而去。但是遗憾的是，他名不见经传，曾先生后来启用了一大批人才，按说这位贼人与曾先生有一面之交，大可去施展一二，可惜，他的天赋没有加上勤奋，变得不知所终。

伟大的成功和辛勤的劳动是成正比的，有一分劳动就有一分收获，日积月累，从少到多，奇迹就可以创造出来。

曾国藩在其家书中也不断地教育其弟弟如何读书，他说，读书，第一要有志气，第二要有见识，第三要有恒心。有志气就决不甘居下游；有见识就明白学无止境，不敢以一得自满自足，如河伯观海、井蛙窥天，都是无知；有恒心就决没有不成功的事。这三个方面，缺一不可。

我们很多人都知道"悬梁刺股"这个成语，这个成语由两个故事组成。

东汉时候，有个人名叫孙敬，是著名的政治家。他年轻时勤奋好学，经常关起门，独自一人不停地读书。他每天从早到晚读书，常常是废寝忘食，读书时间长，劳累了，还不休息，时间久了，疲倦得直打瞌睡。他怕影响自己的读书学习，就想出了一个特别的办法。古时候，男子的头发很长。他就找一根绳子，一头牢牢地绑在房梁上。当他读书疲劳时打盹了，头一低，绳子就会牵住头发，这样会把头皮扯痛了，马上就清醒了，再继续读书学习。这就是孙敬悬梁的故事。

战国时期，有一个人名叫苏秦，也是出名的政治家。在年轻时，由于学问不多不深，曾到好多地方做事，都不受重视。回家后，家人对他也很冷淡，瞧不起他。这对他的刺激很大，所以他下定决心，发奋读书。他常常读书到深夜，很疲倦，常打盹，直想睡觉。他也想出了一个方法，准备一把锥子，一打瞌睡，就用锥子往自己的大腿上刺一下。这样，猛然间感到疼痛，使自己清醒起来，再坚持读书。这就是苏秦"刺股"的故事。

从孙敬和苏秦两个人读书的故事引申出"悬梁刺股"这句成语，用来比喻发奋读书，刻苦学习的精神。他们这种努力学习的精神是好的，但是他们这种发奋学习的方式方法不必效仿。

晋代的祖逖是个胸怀坦荡、具有远大抱负的人。可他小时候却是个不爱读书的淘气孩子。进入青年时代，他意识到自己知识的贫乏，深感不读书无以报效国家，于是就发奋读起书来。他广泛阅读书籍，认真学习历史，从中汲取了丰富的知识，学问大有长进。他曾几次进出京都洛阳，接触过他的人都说，祖逖是个能辅佐帝王治理国家的人才。祖逖24岁的时候，曾有人推荐他去做官，他没有答应，仍然不懈地努力读书。

后来，祖逖和幼时的好友刘琨一起担任司州主簿。他与刘琨感情深厚，不仅常常同床而卧，同被而眠，而且还有着共同的远大理想：建功立业，复兴晋国，成为国家的栋梁之才。

一次，半夜里祖逖在睡梦中听到公鸡的鸣叫声，他一脚把刘琨踢醒，对他说："别人都认为半夜听见鸡叫不吉利，我偏不这样想，咱们干脆以后听见鸡叫就起床练剑如何？"刘琨欣然同意。于是他们每天鸡叫后就起床练剑，剑光飞舞，剑声铿锵。春去冬来，寒来暑往，从不间断。功夫不负有心人，经过长期的刻苦学习和训练，他们终于成为能文能武的全才，既能写得一手好文章，又能带兵打胜仗。祖逖被封为镇西将军，实现了他报效国家的愿望；刘琨做了都督，兼管并、冀、幽三州的军事，也充分发挥了他的文才武略。

后来，有一个成语叫"闻鸡起舞"，说的就是祖逖与刘琨的故事，意在形容发奋有为，也比喻有志之士，及时振作。

宋代的苏洵也和祖逖有过类似的经历。

宋代的苏洵少时贪玩不爱读书，认为自己可以这样玩耍真是幸福，一点也没有意识到读书的重要性，如此一直到 25 岁方才醒悟。他觉得过去自己是多么愚笨，于是，他坚决地谢绝过去的玩友，闭门潜心读书学习，后来名扬天下。这是一个很好的"明白人生道理，于是奋发读书"的典型例子。

后来，苏洵和他的两个儿子苏轼、苏辙合称"三苏"，成为了宋代著名的学者，"三苏"一起被誉为中国古代文学史上著名的"唐宋八大家"中的三位。

少壮不努力，老大徒伤悲。这些故事，都说明一个道理，只要勤奋，就不会晚，只要努力，就有希望。也许你已经错过了一些时光，但是从现在起，只要你努力，同样还来得及。

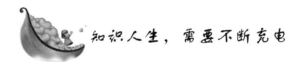

知识人生，需要不断充电

在这个日新月异、知识信息不断更新的时代，网络、技术甚至包括语言，没有哪一样不是在更新，甚至有的直接被社会淘汰了。越来越多的新知识上市，我们的工作也是一样的，也是要跟着公司的发展去吸收更多不同的东西。

李嘉诚说："知识经济的时代里，如果你有资金，但缺乏知识、没有最新的信息，无论是哪种行业，你越拼搏，失败的可能性越大；但你有知识，没有资金的话，小小的付出就可以回报，并且很可能达到成功，现在跟数十年前相比，知识与资金所起的作用完全

95

不同。"

李嘉诚的话道出了现代社会知识的重要性。

有很多人从学校出来后，便认为不再需要学习了。没有学习的负担了，便觉得那是一种解脱。他们从上了班之后就认为学习是做学生时的事了。其实这种思想是大错特错了！

这是一个多元化的时代，能在这个多元化时代里游刃有余的人必定是多元化的人才。俗话说，活到老学到老。以前学到的知识只是象征过去，却不能代表未来。

有一个公司在大型人才市场上招来十几个优秀的人员，其中文凭有高至硕士的，低至高中毕业的。这十几个人经过了一系列的考核之后，便开始培训，培训的讲师对这群年轻的人说的第一句话就是："忘记你们的学历，学历只是代表过去，能说明我们未来的只有以后，我们团队只朝前看，不为过往而处于悲观，更不为过往而沾沾自喜，一切都在于我们的此刻与下一刻。"

是的，学历只能代表过去的知识，而未来的工作更需要我们在工作中去学习。一切的过往此刻都已成风，能代表的只有这一刻，或者下一刻你能学到知识，去为公司为自己创造价值。工作涉及的知识，大多时候是我们从学校无法学到的。俗话说，树不修，长不直。人不学，没知识。其实生活与工作，能让我们有更多学习的好机会，我们就不要错过。正如一位哲学家所说："如果在当今的世界你停止学习，这个世界将从你身边飞驰而去。"

李明在一家外贸公司做业务翻译。李明本是学英语专业的，所以与公司的外国客户沟通没有问题。这次通过老总的一个朋友的关系介绍了几个日本客户，这可把总经理急坏了，因为介绍的这几个日本客户都是年岁比较大的，他们有的不会说英文，会说的也难听懂。可是公司里没有一个懂日文的。经理建议招翻译，可是新招进来的翻译没有两个月是不会了解公司业务的，更重要的是公司的技术本来就复杂，如果不懂，就很难与客户洽谈。有次李明在整理老总文件的时候发现老总的抽屉了放了几本日语书，原来总经理开始自己学日语了。李明看在眼里，决定自己帮总经理一把，自己是学外语的，学起日语肯定不难，并且日语的外来语很多都是与英文相通的，自己上轨道肯定比总经理快。两个月多月过去了，当总经理用生硬的日语与客户商谈时，李明居然比总经理说得还好，这让总经理心里暗暗佩服。没过多久，李明就被升为业务主管。

李明的事例足以证明一个人的知识毕竟有限，不可能方方面面俱全。只有在不断的学习中得以补充，我们才能达到更完善的目标。世界上也没有全才的人，只有在自己行走的路上吸收新的内容与知识，你才能不被这个时代淘汰，才能在这激烈的竞争时代让自己拥有充足的竞争力量。

人生无定价，自己的价值还要靠自己去努力实现，而给自己充电就是在给自己努力实现目标注入了重要的能量。

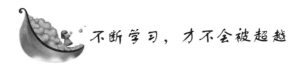

不断学习，才不会被超越

有一位哲人曾经说过："除了生命之外，我们还有一样东西不能放弃，那就是学习。"在瞬息万变的今天，只有不断地学习，才能有竞争力；只有不断地钻研，才能站稳脚跟；只有不断地提高，才不会被别人超越。社会的竞争规则是强者胜，企业的用人标准是能者上。就算你曾经风光无限，但如果你停滞不前，很快就会被甩在后面，甚至惨遭出局。

无论多高的学历也只能代表过去，学习能力才代表未来。持续不断地学习是一个员工乃至一个企业不断发展和进步的根本。知识的积累源自学习，环境的适应依赖于学习。如果你希望自己不断进步，希望受到企业的欢迎，那么你就必须持续不断地学习，时时刻刻保持一颗积极、主动学习的心。

学习型组织创始人、美国麻省理工大学的彼得·圣吉博士说："在21世纪，企业最成功的经营管理模式是把企业创建成学习型组织，企业恒久不变的核心竞争力就是永远比竞争对手学得更快、更好。"

不学习就会缺乏知识，这样的人意味着缺少竞争的资本。每个从普通走向不凡的人，无一不是注重培养自己求知求学的能力，他们靠学习战胜了工作中的难点，靠学习使自己发光，让老板的目光转向了自己，最终获得了成功。

小于有着玲珑的身材，身着一套非常普通的休闲装，脚上穿一双普通牌子的旅游鞋，肩背一个大行囊，手里还提着一个印着某某公司名称的大纸袋。如果不注意她总是肩背手提，单看那她一条随意的马尾辫和那总是挂着两个酒窝的稚气的脸，你可能会认为她顶多就是一个高中生。

但是你也许不相信，这个其貌不扬，看起来甚至有些腼腆的女孩子竟然是一家非常有名气的外企总经理的秘书！更让人难以置信的是，这个只有高中文化水平的女孩儿，不仅得到了她的两位外国老板的肯定，而且有时候两位老板还得听她"发号施令"。

一年前，当小于准备进入这家公司时，尽管所有的好朋友都劝她，在外企就职，对于一个只有高中文化水平的女孩子而言，本来就已经很难了，更何况还要面对那两个有着不同文化背景的外国老板，工作难度可想而知。但小于没有被困难吓倒，她义无反顾地踏进了这家公司的大门。

刚进公司那段日子是最难熬的。一开始，两位老板只把她当成一个干杂活的小职员，不停地派些琐碎的事情让她做，同事们也都把她当成个不谙世事的小姑娘，小于委屈得不知流了多少眼泪。但她忍耐着，并且只要一有时间，她就不断地学习，并寻找着让上司认识自己的机会。

除了把工作做得无可挑剔，她还把自己所能见到的各种文件，全部都抢到自己的工作台上，只要有空就去认真翻阅研究，了解公司的业务。对于外文文件，她就无数次地去翻看她的那两本无声老师——英文字典、法文字典。时间久了，她对公司的业务可以说是了如指掌了。

随着不断的学习，小于的外文水平不断提高，进步的速度飞快，业务方面的外文文件看起来也顺利多了。对于她的进步，两位老板是看在眼里，不久就提拔她做了秘书。说是秘书，实际上，在这个公司相当于副总经理，公司的日常事务都由她来处理。

为自己准备明天的早餐

工作取得了初步成功后，小于并没有丝毫的松懈，因为她知道：作为一个大公司的员工，如果没有足够的现代知识武装头脑，失去生存机遇的可能性就太大了。所以她给自己制订了严格的学习计划——学习外语和计算机应用。在她的时间表里，几乎没有休息的时间。在正常的 5 天工作日，她坚守工作岗位，而身为老板身边的工作人员，又需要她为老板的活动做好一切安排。她要把老板们所要做的一切事情安排得井井有条，以便老板们一眼就能看明白，能轻轻松松处理工作。为此，她常常需要加班，时间在她那里，早已被挤压得没有空隙。而在学习方面，经常是别人都快下课了，她才急匆匆地赶到教室，接着全神贯注地进入了学习状态。有时公司出现了紧急情况，她又不得不提前离开教室，即使是这样，她还是风雨无阻地坚持着学习。

有付出就有回报，机会总是眷顾那些有准备的人。一年以后，公司扩大规模，小于被任命为公司中国地区总经理。

通过小于的例子，我们不难发现：只要我们付出努力，就算我们的起点很低，但随着知识、经验的积累，我们的能力也会不断提高。只要我们的能力得到了提升，就一定会受到老板的欢迎、得到老板的重视并最终走向更加辉煌的职业生涯。

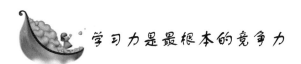

学习力是最根本的竞争力

当代社会科技发展日新月异，知识总量的翻番周期也越来越短了，从过去的 50 年、20 年甚至 10 年缩短到 5 年、3 年甚至 1 年。这表明，历史绵延很久的"一次性学习时代"已经宣告终结了，取而代之的是终身学习，以让自己不断掌握新知识、新技能。

当知识成为在竞争中制胜的关键要素时，我们每一位员工在敬业的同时更要做到"精业"。这是社会和企业发展对员工提出的新要求。我们必须要不断补充学习各种新知识、新技能，以提高自身的价值，为企业作出更大的贡献。

第四章 勤奋学习，赢得明天

福特公司首席技术官路易斯·罗斯有一个著名的观点："在你的职业生涯中，知识就像牛奶一样是有保鲜期的，如果你不能不断地更新知识，那你在职场中便会快速衰落。"

在当今社会里，再高的学历也不能成为不学习的理由。事实上，在科技日新月异的今天，学历参与社会竞争的有效期也越来越短。

一家大公司的总经理，曾对前来应聘的大学毕业生说过这样一段话："你的文凭是你应有的文化程度，它的价值体现在你的底薪上，但有效期只有 3 个月。要想在这里工作下去，就必须知道该学什么。如果不知道该学习些什么新东西，你的文凭在这里就会失效。"这位总经理是要告诉我们：企业招聘人才，文凭只是一块敲门砖，不断学习才是开锁的钥匙和向上的阶梯，学习力决定了你的竞争力。

现代社会知识和技术不断地更新，大学里所学的知识和技能用不了几年就已经过时淘汰了。我们现在所掌握的一切的技能，很有可能在不远的将来就被新的技术所代替而毫无用处。在企业看来，文凭只是一个知识积累的标志，企业用人更看重的是员工的发展潜力与解决实际问题的能力。如果我们不及时学习新知识和新技能，就凭这一张文凭不仅对企业毫无价值，反而会伤害自己。

很多国际著名的大企业都非常重视员工的个人学习能力，德国独立软件供应商 SAP 公司就是这样，在 SAP 公司看来，技术和知识都是可以经过实践而得到的，与学历的高低并没有什么必然的联系。所以公司在招聘员工时更注重应聘者还能学习多少新的知识，能力还可以提高多少。

诺基亚公司更是一个学习型的公司，所有进入诺基亚的新员工，都会有一个入职培训阶段，这个阶段大约持续几个月。在这一阶段里，新员工会在和老员工、高级技术人员甚至专家的共同合作中学习，如果有必要的话，他们还有可能会被派出国学习几个月。越来越多的企业，正在效仿这些国际著名企业的先进理念，员工的学习力受到了前所未有的重视。

不管是谁，若想一直适应社会的需要就必须不断地进行学习，作为企业的员工更应当这样。我们每一名企业成员都必须不断加强学习，成为学习型人才，让自己更加适应社会发展、企业发展。每个员工都必须树立终身学习的意识，在工作中学习，在学习中工作，不断提高自身综合素质，一方面为企业创造价值，另一方面实现我们自身的价值和追求。

亨利是英国 BBC（英国广播公司）晚间新闻主播，他连大学都没有毕业，但是却把事业当成了自己的课堂。他当了 3 年主播后，毅然辞去了这个人人羡慕的职位，到新闻第一线去磨炼自己，干起了记者的工作。他在英国国内报道了很多不同的新闻，并且成为英国电视网中第一个常驻中东的特派员，后来他又成为驻美洲地区的特派员。经过这些历练后，他又重返 BBC 电视台，这时，他已经从一个初出茅庐的年轻小伙子成长为一名成熟、稳健而又受欢迎的主播了。

在这个高度信息化的时代，你必须主动抓住一切学习的机会，还要学会从工作中学习。学习如何运用眼睛去看，用耳朵去听，更要用脑子去思考，这样你才能有效提高自己的学习能力。

壳牌美国石油公司总裁卡洛说："应变的根本之道是学习。"这也印证了诺贝尔经济学奖得主舒尔茨的一句名言："投在人脑中的钱比投在机器上的钱能赚更多的钱。"

新知识、新技术层出不穷并加快速度出现，每一位员工必须在学习中求得不断成长，才能生存下去。我们必须努力通过各种各样的方式，向身边的人学习一切有用的知识和技巧，学会如何和同事交流，通过思想的碰撞和经验的汇聚，以及知识的共享提升自己的能力。学习力已经成为最根本的竞争力。

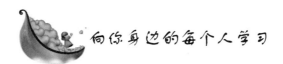

向你身边的每个人学习

美国第 3 任总统托马斯·杰斐逊签署法令，宣告西点军校诞生时，说过这样一句话："每个人都是你的老师。"这句话让这所军校的学生们受益终生，也给后来的很多人以警示作用。

101

研究表明，一般人的智商没有太大的差别，也不会因此就给各自的生活道路造成多么大的影响，而真正起决定作用的则是后天的努力。这些努力就包括从他人那里得到的经验。

落后就要被淘汰，对于现在的上班族说，落后就有保不住工作的危险，所以大家都意识到了学习的重要性，忙着去充电，去拿很多各种各样的证书，却忽略了另外一种学习，那就是从身边每个人身上学到一些有用的东西，让自己得到提高。

身边的人都让自己学习吗？你可能会这样问，如果说从管理者身上学习如何管理企业，从公关经理身上学习如何为人处世还可以，但是像清洁工、电梯工及学历可能还不如自己的同事，他们甚至都从事着跟自己无关或者是非常平凡普通的工作，那么，我们能从他们身上学到什么东西呢？其实是可以的，只要你用心，就会发现他们身上也有你可以学习的东西。现在，我们来看一看林肯是怎么做的。

在美国人心目中，林肯讲话所用的字句是非常优美的，十分令人难忘。可是林肯的父亲却是一个目不识丁的木匠，他的母亲也只是一个平凡的家庭主妇。由于家里太穷了，林肯并没有受过良好的教育，他怎么会有运用文学的特别天赋呢？其实，这些都是他向很多人学习的结果。林肯的这些老师中有在肯塔基州森林地带巡游的村儒学究，有伊里诺州第八司法区的许多人。他还曾和许多农夫、商人、律师商讨国家大事，他从他们的身上学习到了许多的知识和道理。林肯成功的秘诀就是："每个人都可能做我的老师。"他虚心好学，善于向每个平凡至极的人学习，这与两千多年前我国的孔夫子所说的"三人行必有我师"如出一辙！

我们需要向别人学习，是因为尺有所短，寸有所长。每个人都有自己的长处和不足，要弥补自己的不足，就要注意发现并学习别人的长处，来改进自己的短处。刚才说到的向清洁工学习，也不是一个虚妄的提法。

兰兰是个刚毕业不久的大学生，社会经验很少，业务也不太熟练，但是幸运的是她是一个谦虚好学的女孩，虽然目前工作还不熟练，工作效率也不高，但她却并没有因此而气馁，一直注意向身边的每个人学习。有一次她从饭店出来后打了一辆出租车去机场，其实她去的是机场附近的一个小区，因为那是一个新小区，一般人不知道，所以她索性就说去机场，可没想到那个司机竟然说："你是不是要去某小区啊？"

兰兰一下就愣了，她太吃惊了，自己并没说啊，他怎么会知道我要去那儿呢？这个司机像个神探，给兰兰推理说："我刚才看见你和你朋友道别，只是象征性地挥了挥手，看来你应该不是要出远门，一般人要是出差，都会带着行李箱，可你也没有，你手里只拿着一本书，神情也很悠闲，不像是去接人，这么一分析，你去机场的可能性就很小了，而那个机场的附近就那么一个小区，所以我猜你应该就是去那儿了。"

兰兰听完这番话后非常佩服司机的职业水准，能够这样用心，分析得这么透彻，他一定是一个工作非常投入的司机，果然，在接下来的聊天中，司机说自己非常爱动脑筋，这让自己显得更加职业化，收入也比同行们要高。

从这位司机那里，兰兰学到了要对自己的工作投入和主动，才有可能掌握好所需要的技能和知识。

但是有一些人却不这样想，他们总觉得向别人学习或请教就会降低自己的身份，他们把自己看得过高，觉得谁都不如自己，这样的人，又怎么能进步呢？

在向身边的人学习的过程中，不但要学习别人的成功经验，还要学习他失败的教训，借鉴吸取别人的教训，这样可以让自己少走很多弯路。

中国著名的足球教练沈祥福曾在答记者问时说："我跟球员总是在讲，把别人的教训当做自己的经验，那是最聪明的球员。你自己不可能去体会所有的教训，因为我们没有这个时间，但是不体验教训就不可能成为一个好球员，最聪明的球员是把别人的教训当做自己的经验。"

向你身边的每个人学习，对于一名员工来说，不仅可以给人留下虚心好学的好印象，还可以使自己从中获益，站在别人的肩膀上，才能看得更远。

能力代表现在，学习代表将来

李美一毕业就进入了一家很大的广告设计公司，同学们都很羡慕她。在很长的一段时间里，她都以为这就是端上了一个铁饭碗，所有的一切都稳当了。在最初的3年时间里，她用着在美院里学到的那些设计理念和知识，也算得心应手。

但是有一次挫折，却让李美对自己的能力产生了怀疑。用李美自己的话说，就是突然觉得自己的脑子短路了。原来，有一个业务员谈下了一个很大的客户，客户要求设计人员到他们公司去讨论所要设计的内容，于是李美和业务员一起来到了客户的公司。讨论时，客户在设计方案中提出了许多要求，对这些要求李美感到难以理解，而且客户还说了一些新的名词，李美也没听说过，整个过程中，都是客户在说，李美只是频繁地点头，偶尔应付两句。从客户那里出来时，李美觉得自己非常狼狈，这可是从来没有的感觉。在她的内心里莫名升起了一种危机感。

在跟同学的聊天中，同学随意说了很多市面上新出的设计软件，令她非常惊讶，因为她一点都不知道，更别提会用了。同学对她说，你只知道工作而不知道给自己充电，总有一天，会有电量耗尽的时候。李美终于明白：等到电量耗尽的那天，也就是她被淘汰的日子，所以给自己充电是一件刻不容缓的事情。

于是，在工作之余，李美积极地学习一些新的东西。最后她还专门向公司请假去进修，通过几个月的进修，李美感觉自己又恢复了刚毕业时的自信。等她一回到公司，公司就把她安排到了很重要的位置上，并且还加薪了。这可是李美没有想到的，原来充电能给她带来这么大的改变。

"做一天和尚撞一天钟"是很多自我感觉一份稳定的工作的人最常见的做法。只要每天能应付手上的工作，到发工资的时候没有被扣钱，他们就依然会做一个快乐的"和尚"。

再来看看现在社会，哪里还有"铁饭碗"之说。在企业，你会发现，人员淘汰的速度让很多人都不能适应，经常会有"新人进，老人出"的现象发生，甚至有的人刚学了最新的东西出来，没两天就发现又过时了。社会在不断进步，知识在不断更新，原地踏步，就等于是在倒退。很多人总是用"我这年龄学什么忘什么"、"工作、家庭、孩子把所有时间都占完了，哪还有时间有精力去充电"、"累都累死了，下了班就想睡觉"等这类的借口来逃脱学习的责任。也有的人认为自己学历高，受过高等教育，或者有很高的文凭，可以不用再去学习，也不容易被淘汰，要知道，文凭和学历也不过只是代表你曾经受过很好的教育，并不代表你有多高的能力，也不能代表你就能把那些知识灵活地运用到你的工作领域中。"书到用时方恨少"，这是多少人沉淀下来的人生感悟，想增强自己的竞争力，就要有不断学习的能力，把自己的知识储备充足，才能在激烈的竞争中站稳脚跟。

有一句话说得好：文凭代表的是过去，能力代表的是现在，而学习则代表将来。

首先要有一种紧迫感，知道学习不仅仅是学生的事，在工作中也有很重要的作用。我们要学习与自己所从事的工作相关的知识，这样你工作起来才会更加得心应手，因此可以先了解自己在工作中的不足，给自己制订一个详细的计划，让自己慢慢融入到学习的氛围中。或者让自己多看一些有关为人处世、励志的书和一些名人传记，培养起自己的学习兴趣。

其次要抱有一个空杯的、积极的心态。这时候的学习不再像学生时代的学习一样，什么都是拿来主义，而是应该采用取其精华、去其糟粕的方式有选择地学习，选择对自己工作有帮助的，选择可以提升自己能力的来吸收。另外，如果怀疑自己不能长期坚持，那就不妨先让自己坚持21天，有专家研究称，任何行为只要能坚持21天就可以养成习惯。

学习不光是在书本上，也可以从他人的身上学习他人的优点和长处，只要有了学习的习惯，日积月累，你就会发现自己在不知不觉中充实了很多，自己的能力会提高，参与竞争的胜算也更大。

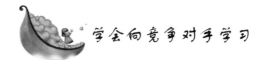

有这样一些员工，他们对于自己的竞争对手，非但不敌视，反而能够发现对手的优点并加以运用。这样的人才是能真正取得成绩、成就一番事业的人才，他们永远不会把竞争对手当做是自己的敌人，反而时刻把对手当做自己的伙伴。他们会在竞争中提高自己的知识和能力，借鉴竞争对手成功的秘诀，分析对手失败的原因，从对手那里学习好的方法以帮助自己进步。这样的员工，是非常受企业欢迎的人。

1991年，山姆·沃尔顿又一次登上了全美富豪排行榜，他是沃尔玛的负责人，当时他的资产高达250亿美元。

山姆·沃尔顿开第一家连锁店的时候，他的人生目标就是要成为行业中的龙头，当他达到这个目标的时候，所有的财富都会滚滚而来。

他在工作之余，只要一有空，就不断地研究他的竞争对手。既然他的目标是成为行业中的最强，所以他必须确保自己做的每一件事、采取的每一个服务策略，都要比他的竞争对手更好。所以他经常跑到竞争对手的店里，看看他们到底在做什么，他们到底哪里比自己强。每当他发现竞争对手做得比自己好的时候，他就会往这个领域努力，要超越对方。

正是这个策略，使得山姆·沃尔顿的公司在业内名声大振，他的连锁店也越开越多，最终成为了全美国乃至全世界最有钱的人之一。

山姆·沃尔顿的成功说明了一个这样一个问题：只有充分了解你的对手，才有可能超越他；只有充分了解你的对手，你才能知道应该如何改变自己。所以要想受到企业的欢迎，每个员工都应该养成这样一个好习惯——不断研究你的竞争对手。具体来说，可以从以下两个方面入手：

第一，借鉴竞争对手成功的秘诀。

成功最重要的方法之一，就是采用已经被证明行之有效的方法。有些人之所以能达到目标，乃是穷多年之力，经过无数次的失败教训，才获得了成功的法门。只要我们走进他们的成功经验之中，汲取他们成功的精华，那么不久我们也可以赶上甚至超越他们。

借鉴对手的成功经验，可以先进行模仿。

提到模仿，有人可能会这样说："为什么要模仿别人？要干就要拿出自己的一套来！""模仿人家有什么意思？就算成功了也会让人笑话！"这些话听起来很豪迈，殊不知，连模仿都没有的话，又谈什么借鉴，而离开了模仿和借鉴，又哪儿来的创造呢？所以从某种意义上讲，模仿也是一种进步。

当然，一味地模仿绝对是行不通的。没有自己的东西，你就会永远跟在竞争对手后面亦步亦趋，永远赶不上对手，更不用说什么超越了。

借鉴则是从模仿通向创造的桥梁，把竞争对手的东西拿来，结合自己的实际情况做一番研究，以便取人之长、补己之短，从中吸取教训，这就比单纯模仿效果好得多了。

第二，总结对手失败的原因，在对手失败的地方寻找机遇。

要认真研究竞争对手的失败原因，这样可以使自己少走弯路，并从中可以发现新的机遇，仔细观察我们周围的人，很多人都是从对手的失败中受益无穷的。认真研究对手的失败，让自己更加警觉，既不犯自己犯过的错误，也不犯对手犯过的错误，把对手的经验变成自己的经验，对手的教训变成自己的教训。

有些人的成功偶然因素很大，比如说"瞎猫碰见死耗子"等。对于那些靠偶然的机遇成功的人来说，认真研究对手的失败，可以使他们立刻警觉起来，从中意识到自己往日的成功只是一个偶然，吸取教训和成功经验，让自己立于不败之地。

总而言之，要想在日益激烈的社会竞争中超越对手并让自己永远立于不败之地，唯一的方法就是去研究和了解你的竞争对手，学习他们成功的经验并总结他们失败的教训，这样既可以为你事业的成功起到推动的作用，又可以使你避免犯那些导致对手失败的错误。

107

不断地向对手学习，我们终将变得越来越强大，能力也一定可以得到不断的提高，也必定为老板所欣赏和器重。

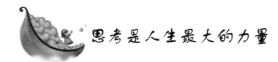

思考是人生最大的力量

英国著名的物理学家卢瑟福，是最早完成原子核裂变实验的科学家，他很注重思考，认为只有思考得越多，实验的成功率才会越大。

有一天晚上，卢瑟福走进实验室，见他的一位学生仍然在做实验，他很不高兴地问道："这么晚了，你还在这做什么？"

学生回答说："我在工作。"

"那你白天干什么呢？"

"我也工作。"学生答道。

"那么你早上也在工作吗？"卢瑟福问。

"是的，教授，早上我也工作。"学生自信地回答。

卢瑟福更加不高兴了，皱了皱眉头，说："你这样一天到晚地工作，用什么时间来思考呢？"

学生被问得哑口无言。

现实中，我们总是为了自己的梦想，努力奋斗着，但是大多数时候，我们却看不到梦想实现的时候，我们认为自己不够努力。于是，我们又付出了比以前更多的时间和精力，但还是看不到我们想要的结果。我们开始怀疑自己，是我们没有能力，还是这就是我们的命运？我们变得茫然，不知所措。

其实，也许事情的真相并不是我们认为的那样，而是我们陷身于低效的处理事务的方式，浪费了大量的时间，从而，我们失去了原本应该用来思考的时间。

有心理学家这样说，如果你每天花一个小时，完全去思考某一个问题，几年后你就会成为那个领域的专家。如果你认为自己还有发展的空间，或者可以变得更好，那么你就应该好好地思考一下，去寻求如何让自己发生建设性的改变。

思考是人生最大的力量，它可以让你审视你的一切，而你应该做的就是设法掌握这个过程，这样你就可以牢牢地把握住自己的人生。

那么我们需要思考些什么呢？比方说，要做一件事情，我们为什么要做？都有哪些指导性原则？有些什么样的流程？有什么工具可供我们利用？有哪些资源可以让我们使用？可能会遇到哪些意外情况发生？应该如何去衡量目标达成的标准等。

我们应该围绕着目标去做，并且用心、用脑地去做，而不是在缺少思考的情况下去做。看上去好像很快就完成了，但是距离标准却很远，于是只能返工，甚至要返数次工才能合乎标准。结果，时间也就浪费在这些事情上面了。

思想需要经验的累积，灵感需要感受的沉淀，最细致的体验需要最宁静透彻的观照。累积、沉淀、宁静、观照，哪一样可以在忙碌中产生呢？整日忙于生计，日夜操劳，可使作家无法写作，音乐家无法谱曲，画家无法作画，学者无法著述。闲暇、思考，是创造力的有机土壤，不可或缺。苏霍姆林斯基说得好："正像肌肉离开劳动和锻炼就会变得萎缩无力一样，智慧离开紧张的动脑，离开思考，离开独立的探索，就得不到发展。"

忙不等于充实，没时间思考更是隐患多多。因为没有思想就等于机器人，只能被生活的车轮拉来拉去。没有思想的人没有远见，难免陷入被动和困境。没有思想的人，等到大祸临头自己还蒙在鼓里。再忙再累都不能放弃思考，过去、现在、未来都需要认真思索……

思考是前行的火把，再忙也要留出思考的时间，1个小时的思考胜过一周的忙碌。因为只有思考能帮助我们从无效走向有效，只有思考能帮助我们从有效走向高效。许多人为了工作，为了学习，把自己搞得24小时都停不下来，就像被戴上了眼罩的驴子一样，忙碌而没有意义地整天瞎忙，这是非常可怕的！这样直到生命终止的那一天，才知道自己所做的毫无意义。

计划不如变化快，世界每天发生变化的速度远远超出我们的想象；为了能适应变化，必须每天都有让自己静静思考的时间。其实，你根本不需要特意去思考，只要一个人静静地待着，思考必然会来找你。

我们的梦想也需要思考，思考可以让我们抛弃那些不真实、不实际的想法，思考可以让我们对自己的言行进行约束，思考可以让我们更加真切地认识自己，也可以让我们监督自己前进的方向。

如果说智慧是创造的源泉，那思考便是智慧的起点。给思考留出点时间，你将会更加充分施展你的才能。

学会经常自我反省和总结

一个猎人在森林中捕猎，很幸运的是，他捕着了一只会说话的松鼠。他非常高兴，认为可以卖一个好价钱。

这时松鼠说话了："好心的猎人，你放了我吧，我会告诉你3条真理。"

猎人说："不行，你要先告诉我，我才能放了你。"

松鼠说道："好吧，你一定要讲信用。"

猎人回答说："我保证一定放了你。"

松鼠说道："第一条是：做了事情后一定不要后悔。第二条是：如果有人告诉了你一件事，而你自认为这事情是不对的，那你就不要相信它。第三条就是：当你爬不上去时，就别白费力气。"

说完后，松鼠对猎人说道："我已经对你说了，你应该把我放了。"猎人兑现了他的诺言，将松鼠放了。

松鼠很快地爬上了一棵大树，然后朝着猎人说道："你是一个愚蠢的人，我的毛茸茸的大尾巴里藏着一颗很大的宝石，这个宝石可以让我说好几种语言。"

猎人听了以后非常后悔，想再次捕到这只松鼠。于是他来到松鼠待着的那棵树前，并开始往上爬。爬到离地面2米的时候，脚下一滑，猎人摔了下来，并摔断了一条腿。

松鼠嘲笑他道:"你真是个愚蠢透顶的人,我刚才告诉你的3条真理,一转眼你就忘到脑后去了。我告诉你了,你一旦做了决定就不要后悔,但是现在你却后悔放了我。我告诉你的第二条真理是你认为不可能的事情,就不要去相信。可是我说我有一颗大宝石,你就相信了,你为什么会认为我能带着一颗大宝石到处跑呢?我告诉你的第三条真理是,如果爬不上来,就不要强迫自己去做,而你却为了再次捕获我去试图爬这棵树,结果却摔断了自己的腿。"

"你好好想想吧。"说完松鼠就飞快地跑掉了。

这则故事告诉我们,真理或者忠告往往都是从经验和教训中总结出来的。在生活和工作中,我们经常会听到别人给我们的忠告,我们也会给别人忠告,其目的就是为了让我们或者他人避免再犯同样的错误。

世界上没有一个人能保证自己永远都不会犯错误,但是我们应该谨记的是,不要犯同样的错误。当我们犯了错误的时候,应该能够从中吸取教训,为防止下一次挫败而做好相应的准备。这就是我们常说的"吃一堑,长一智"。

所有成功的人无一不是深谙自我反省和总结这门艺术的人,有这么一位企业家这样说过:"我之所以能在企业遭遇危机的时候安然度过,就是因为我常常进行自我反省和总结。这些年,我一直有一个习惯,我的家人也很清楚这一点,他们从来不会在周五的晚上来打扰我,因为他们知道,我会在这时候把一周中所有在工作中发生的事情进行自我总结。我有一个记事本,在这里我会记录下我每天的工作,包括与客户、与合作伙伴甚至与员工的面谈,所有对工作的讨论、会议的内容和过程等,包含了所有的细节,而周五的晚上,我则会不断地问自己:我当时的做法是否有失误?我是不是可以找到更好的解决方案?很多时候,这些检讨让我很难过,我不能相信我怎么会做出那样的决断,或者我当时的言行有多么莽撞。现在,我发现,这种事情发生得越来越少,我也变得越来越理智。就这样,十几年来我一直保持着这种自我剖析的习惯,它对我的帮助真的是非同小可。"

反省和总结能让我们找到问题的症结,可以给我们一些启示,也许这是平常不容易关注到的细节，但是当你静下心来的时候，你会很理智地对待你曾经做过的事情，你会考虑这件事是否合理，是否妥善，当你能够认识到错误的时候，你就会印象深刻，不会在同样的地方摔倒两次。

因此，睿智的人应该都知道，如果不认真反省与总结，不去吸取教训，不去改正错误，就成不了大事，所有的梦想也都不会实现。

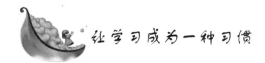

让学习成为一种习惯

知识的积累比获得财富更有价值，它能让一个人从愚昧无知变得聪明博学，它能帮助一个人从黑暗走向光明。

没有足够的知识储备，一个人就很难在工作和事业中取得突破性的进展，难以向更高的地位发展。而知识就像涓涓的河流，只有不断地积累，才能够学识渊博。

9岁女孩考托福，这不是天方夜谭。被人们称为"神童"的李敏捷，其实不是什么"神童"，在其成才的幕后主要是"勤学"。

在李敏捷才只有2岁时，她的父亲发现这孩子具有非常强的记忆能力和理解能力。一次他为女儿制作了26个英语字母卡片，教了20多分钟后，她不但能够以准确的发音通读，而且还能把顺序混乱的卡片理顺。从此，李敏捷的父亲就开始了对女儿的启蒙和超常教育。

在李敏捷3岁时，父亲开始对她进行正式的英语训练，等到孩子5岁进入小学时，就把小学和初中的英语课程学完了。在她不到8岁的时候，高中的英语课也全部学完了。到了这时候，英语还要不要继续深造呢？李敏捷的父亲想要征求一下女儿自己的意见，她说："我能接受，学吧。"李敏捷的父亲就去了北京，买回清华大学出版的英语教材及辅导资料，继续让女儿学习英语。并且还同时订阅了英语报纸《21世纪》等，每天让女儿读报。就这样，每天都有学习计划，完不成计划就不睡觉，每天要坚持学习十几个小时。

李敏捷的父亲针对女儿的个性和特点，摸索出了一套有效的辅导方法：积少成多——像英语的学习，让孩子多看、多听、多讲、多记，遇到不认识的单词和词组就立刻记下来，再想办法解决，长年的积累进步自然很快；抓住重点，避免重复——如初中和高中文化课中的重复部分，采取删繁就简的方法，注重对课本中的重点、基本运用方法及基本定理的讲解，这样就节约了很多时间；由难到易——比如在教方程时，他先从三元方程教起，二元方程、一元方程就迎刃而解了，几何教学则从多边形教起，四边形、三角形的问题，也就容易解决了。但是李敏捷的父亲强调说："这种方法并没有什么普遍意义，我之所以用了这种方法，是出于我对孩子的理解、接受能力充分认知的基础上的一种尝试，如果把它推广一下，恐怕只会适得其反。再说了，由难到易的前提是对基本概念和基本规则的掌握，不然就是缘木求鱼。"

不积小流，何以成江河？所以稳中求实是一种基本的学习原则。从知识的点滴积累开始，养成勤奋好学的良好习惯，你就会成为一个博学多才的人。千万不要像狗熊掰棒子一样，掰一个扔一个，那样就太可悲了。

在竞争激烈的现实社会里，成功的道路都是用知识来铺垫的，所以学习和积累知识是通往成功的最好途径。请相信，知识的力量是无穷的。

如果你有上进的志向、真的渴望造就自己、下定决心充实自己，那就必须要认识到，无论什么时候、无论什么人都可能增加你的知识和经验。如果你热衷于机械发明，那么一名修理工的经验也会对你有所启发；如果你对出版业感兴趣，那么一名普通的印刷工都可以帮助你了解书籍装帧的知识。

能通过各种途径学习知识的人，才能使自己的知识量更加广博，使自己的胸襟更加开阔，也更能应付各种各样的问题。在工作中积累的知识是你将来成功的基础，也是你一生中最有价值的财富。认识到这些你就知道学习的习惯有多么重要了。

第四章　勤奋学习，赢得明天

113

第五章　把握人生，成就明天

　　一个人要想真正拥有主宰自己命运的能力，很重要的一点是你要坚信是你自己在转动生活的车轮。否则你的命运将永远处于一种随波逐流的状态，无法预测未来的好坏。

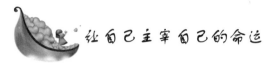让自己主宰自己的命运

一个人要想真正拥有主宰自己命运的能力，很重要的一点是你要坚信是你自己在转动生活的车轮。否则你的命运将永远处于一种随波逐流的状态，无法预测未来的好坏。

在生活中，我们看到，那些花大笔钱买彩票的人，绝大多数都是生活际遇并不好的人。他们整天幻想自己的财富将"从天而降"，于是在每次买完彩票后开始做成为富人的美梦，在彩票开奖的时候满心激动地盯着电视画面，当然，结果绝大多数都是失望地将彩票恋恋不舍地扔进垃圾筐。

那些在事业上取得成功的人，虽然也有可能会买彩票，但他们只会用少量的金钱去购买彩票，也不会为此花上大部分时间。他们更愿意通过自己的努力去创造财富，改变命运。他们买彩票的目的更多是为了消遣。

一个人一旦放弃了创造生活的念头，他便将自己放在了一个弱者的位置。他们对自己的生活根本没有控制力，而是把未来完全寄托给了"运气"。于是，成天幻想天上能掉"馅饼"。可惜的是，"馅饼"迟迟没有掉下来，自己却不小心掉入了"陷阱"。

例如，尽管电视上已经多次播放了形形色色的街头骗局，可还是有人会被那些猜瓜子、套圈、换美元、掉钱包等各色"陷阱"所诱惑。

前几年，在全国很多地方都发生过的"非法集资"的骗局，不知套牢了多少人的血汗钱，最后大多是血本无归。到最后才有人醒悟过来：自己怎么这么傻，竟然听信了每年能返回利润高达本金的30%的谎言。

如果我们以一种正常的心态来想，哪有什么生意能轻易赚到30%的纯利润，还要返本给你！除非是用你的骨头熬你的油。

骗子就轻松地利用了人们的这种心态来行骗，他从借贷到的钱里支出 30%，大大方方地当场作为第一年的利息发放给受骗的人，然后轻松地把剩下的 70% 占为己有。人们很感动，争着把钱交给骗子，明明是上当受骗，还在千恩万谢。等过了一年后，想着要分第二年的利润时，才发现骗子早已经卷铺盖走人了。

报刊上也常常会有各种致富发财的小广告，告诉你不用太多的钱，也不用太精的手艺，而且不用辛苦地跑市场，只要坐在家里捣鼓捣鼓，就能轻松地发财了。赚钱真的有这么容易吗？

还有一些诸如"富婆求精生子"、"富姐征婚"的广告，既能得财，又能得色，何乐而不为呢？可细想想看，世上哪能有这样的美事！

这些精心设计的圈套，明眼人一看就知道是骗局，可总会有人心甘情愿地往里钻。

其实，任何一个骗局都有漏洞，只要仔细研究，就会发现在整个事情中，总有一些你控制不了的因素存在，而且都是关键环节，一出问题就会致命。

做一件事情，能否成功，还得你自己亲自去把握。否则，很容易出乱子。

例如，有人叫你去入股，当个小股东，百事不操心，只等着年底分红，这样的事情能相信吗？

有人代你去炒股，不用你天天去钻研，只要交出股东代码本，偶尔看看资金账户，就等着看存款后多几个零，有这样的好事吗？

每个稍微有点积蓄的人，都有可能遇到这样那样送上门来的"好事"。有人通过这样那样的方式告诉你：只要你把钱交出去，就能轻松实现赚大钱的梦想。

可是一旦你把钱交给他人，你也就彻底失去了对这些钱的控制权，事情接下来该如何发展全部成了"未知数"。于是，你能不能收回成本，或者是能不能得到所谓的"回报"，便已经完全超出了你的控制能力，而取决于对方的"善心"。

可是，所谓的"善心"往往是人们的一厢情愿而已。绝大多数情况下，头脑发热的人们在投入大量金钱后，等到冷静下来，才发现自己已经上当受骗，人家早已经人去楼空，去过花天酒地的逍遥

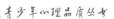

生活了，仅剩下你在悲惨地呼天喊地。

想成功不是一件容易的事。即使是古代的皇帝，也需要动不少脑筋，否则便有被推翻的危险。不劳而获的事情是不存在的，因此任何人都不要想当跷脚老板。

无论你是成功还是平庸，或是为了金钱和成功在苦苦挣扎，你都要相信，这一切是自己创造的，与命运无关。而且未来是成功还是平庸，也必将由自己创造，与命运无关。也就是说，你必须对自己的生活完全负责。

 积极的态度决定人生高度

当我们遇到不如意时，往往归咎于自己运气不好，或者抱怨周围的环境和他人的态度，却从不肯从自身发现问题。其实，每一个人都有可能成功，关键在于你的心态是积极的还是消极的。积极的心态可以给人带来财富、成功、快乐和健康；消极的心态却会使人终生陷在人生的谷底，使人感到痛苦、绝望、疲倦乏力。

美国著名的心理学家罗森塔尔曾做过这样一个试验：

他和助手们来到一所小学校，挑选了两个班。罗森塔尔从校长那里了解到，这两个班的学生水平相当。然后，罗森塔尔对其中一个班的学生说，你们将来一定会有很好的前途，因为你们都是天才型的人；对另一个班的学生说，你们将来只可以从事一般的工作，因为你们的智力很一般。

一年后，两个班表现出了非常明显的差异。被暗示为会有很好前途的学生个个发奋努力，学习成绩飞速上升，而那些被暗示为只可以从事一般工作的那个班的学生大都不求上进，学习成绩也很快下降。

可见，心态的力量是多么强大，它足以让一个人完全改变自己。

有这样一个有趣的故事：

明和亮是好朋友。一天，明对亮说："我要离开现在的公司。我

为自己准备明天的早餐

恨这个公司!"

亮建议道:"我非常赞同的决定!这种烂公司,就应该好好给它点颜色看看。不过,现在并不是你离开的最好时机。"

明问:"为什么?"

亮说:"你现在离开的话,对公司并不会造成多大的损失。从现在开始,你应该趁着还没离开公司的机会,努力为自己多拉一些客户,最好能成为公司独当一面的人物。到那个时候,你再带着这些客户突然离开公司,这样才能让公司受到重大损失,方解你心头之恨。"

明觉得亮说得非常有道理,于是努力工作。半年时间过去了,事遂所愿,明有了许多忠实客户。

明和亮再见面时,亮问明:"现在是报复公司的时机了,要离开的话,就赶快行动哦!"

明淡然笑道:"我现在可没有要离开的打算了,老板前天刚和我长谈过,说公司决定升我做区域经理。"

亮也开心地笑了,其实这正是亮的初衷。一个人只有通过努力付出,表现出你真正的能力,让老板真正看到你有创造更多利润的潜力,他才会主动给你更多的机会。

认真做事是远离平庸的第一步,我们若想取得他人的认可,就必须尽最大的努力把责任以内的事情做好。无论是在工作中还是在生活中,让自己的态度更积极一点,你就能收获到更理想的回报。要知道,那些已经取得成功的人,并不是因为他们的能力有多么过人,而是因为他们有超越他人的良好心态。

有一天,松下幸之助去看望一位老朋友。这位朋友在经营一家电器商店,一见松下,他便不停地抱怨生意难做。他说:"真不知道我的这个小店还能维持多久!您的生意为什么越做越大,无论经济是否景气,您都能够赚到钱,有什么诀窍吗?"

"做生意的诀窍,无非一个'信'字,然后用心去做。"松下说。

"我这个人您是知道,一向很讲信用,从来不会销售质次价高的商品。而且我也很用心,为了促销,我想过一些办法,可生意并不

见有什么起色。"

松下含笑道："是这样吗？"

这时，一个小孩蹦蹦跳跳地跑了进来，说："伯伯，我买一个40瓦的灯泡。"

朋友停止谈话，在货架上取出一个灯泡，在灯座上一试，灯亮了，这是一个好灯泡，然后交给小孩，收钱。小孩又蹦蹦跳跳地跑出去了。

看着远去的小孩，松下问朋友："平时你都这样做生意吗？"

"是的。难道有什么不对吗？"

"这样做是发不了财的。"

"为什么？"店主惊讶地问。

"这样做生意太不用心了！"

店主问："那如果是您，会怎样来做这笔生意呢？"

松下说："那孩子来买灯泡时，我会和他多聊几句，例如：'小朋友，长得可真高啊！你上几年级了？'把灯泡交给他时说：'回去告诉爸爸妈妈，如果灯泡不好用，就来退换，好不好？'孩子将话带回去，他们全家都知道这儿有一个很热情的店主，下次买电器，肯定来找你。"

朋友频频点头，觉得的确有道理。

松下又说："还有，那孩子蹦蹦跳跳跑出去时，我会提醒他走慢些。如果孩子因为走路慌忙，损坏了灯泡，即使他家里人不来找你，也会对你的店留下不好的印象！"

这位老朋友恍然大悟，顿时明白为什么松下能成为大商人，不管经济是否景气都能够赚到钱。

不同的心态得到的是完全不同的结果。一个人的态度有多积极，是决定能取得多大成就的重要因素。很多人只会埋怨事情对自己不公平，却从来不去想是不是自己的方法出了问题。松下的成功在于他以积极的心态对待自己的工作，在工作中投入自己全部的热情和智慧。那位电器商店老板也许从来没有想过自己的工作是什么，以及怎样才能把这份工作做好，只是机械地完成任务，这样怎么能取得大的成就呢？

打破思维定势，打破习惯框框

很多时候，我们之所以陷入困境，是因为我们的思维僵化。如果能换一种思路，往往能够发现一片新的天地，把自己带到有利的境地。

有这样一个故事：

李刚在小镇上开了一家理发店，由于技术好，嘴巴也甜，因此他的生意一直都很好。

这天，理发店里来了一个秃头的男人。

"有什么可以帮你的吗？"李刚问。

秃头的男人说："你也看见了，我的头发全没有了。如果你能有办法让我的头发看起来像你的一样，而且不能有任何痛苦，我就付你5000元。"

李刚想了想，说："没问题。"接下来，他用最快的速度剃光了自己的头发。

秃头的男人最初愕然，但转而大笑了起来，说了句"你很聪明"，掏出5000元给了李刚。

在创业者中流传一句格言："试试就能行！"世界上没有什么事情是绝对不可行的，常常都在于"事在人为"。所以在很多时候，你必须放开胆子，换一个角度、换一个立场去处理事情，不要因为自己的某些思路看起来不合理，或是不合常规、不在传统之内而加以否定，要相信创造的成果常能出其不意。

王一新和谢林涛是好朋友，年龄、学历、经历都相似。两人都对自己的现状不满意，很想做些改变。这时，有朋友向他们建议一起合作经营一家电脑店。

对于朋友的建议，王一新做了一个系统分析，并将相关的事宜罗列了出来，他是这样思考此事的：

1. 自己没有创业的经验，所以很难成功。

2. 外面竞争如此激烈，所以很难成功。

3. 由于缺乏经验，很容易被骗，钱没挣到反赔本，所以很难成功。

4. 自己年纪大了，与年轻人争夺天下，相比之下没有优势，所以很难成功。

5. 长年做一份工作，又极少去学习新技能，导致学识不足，缺乏竞争能力，想成功实在太难。

就这样，王一新将创业不可行的一面全部罗列了出来，反复不停地设想种种失败的可能。一个月后，当朋友再次征询他的意见时，他坚决而清晰地告诉朋友：这件事情绝对"不可行"。

谢林涛在听了朋友的建议后，他也把将来可能发生的状况罗列了出来。他是这样思考问题的：

1. 我没有创业的经验，但我身边有朋友在做生意，我可以先去请教他们。

2. 竞争很激烈，所以我的服务一定要比别人好，在经营的过程中要时常想一些别人没有想到的方法。此外，还要研究一下怎么才能让更多人知道我们。

3. 虽然缺乏经验，但是可以坚持几个原则——不贪心，不虚浮，脚踏实地。此外，为了避免被骗，自己的生意要尽可能由自己来打点，还可以去请教做会计的朋友，以免财务上遭受不必要的损失。

4. 和年轻人相比，自己这个年纪缺乏做事的魄力，而且体能上不占优势。不过我比年轻人沉稳，而且体力活可以找乡下的亲戚来做。

5. 自己没有这方面的专业知识，可以去参加速成班！工作这么多年，自己也拥有一些资源，阅历、工作经验、人际关系都会很有用的。

就这样，谢林涛坚定了信心和朋友一起创业。

3 年后，谢林涛已经在北京开了 5 家电脑连锁店，而王一新仍然在原来的公司过着得过且过的生活。思路决定出路，王一新和谢林涛的两种不同思维方式决定了两种不同的命运。

为自己准备明天的早餐

在这个世界上，成功和失败并没有绝对的界线，有时只需稍微调整一下思路，转变一下视角，失败就有可能向成功转化。因此，一个有志于做大事的人，不会总是在一个层次上固守着不动，其实很多事情，只要我们换个角度思考，就能更清楚地看清自己和别人，也能更清晰地理解一切事物。

19世纪50年代，美国西部刮起了一股淘金热。李维·施特劳斯随着淘金者来到旧金山，开办了一家小商店，向那些淘金工人销售日用百货。有一天，他了解到淘金者需要搭帐篷和马车篷的帆布，就乘船去购置了一大批帆布，想要卖给那些淘金者。可是，半年过去了，帆布却始终没有销出去多少。看着这些帆布，李维·施特劳斯十分苦恼，但他必须想办法处理它们才行。他一边继续推销帆布，一边积极思考对策。

有一天，李维·施特劳斯去找淘金工人们喝酒、聊天，诉说自己的苦恼。有一个淘金工作告诉他，他们的帐篷都已经搭好了，所以不需要帆布了，但是需要大量的裤子，因为矿工们穿的棉布裤子很不耐磨。李维·施特劳斯顿觉眼前一亮：帆布既结实又耐磨，既然做帐篷卖销路不好，能不能做成裤子卖呢？

于是，他用帆布做了几条样式很别致的工装裤，然后送给那些熟识的淘金工人穿。这些工人穿上帆布工装裤十分高兴，逢人就宣传这种裤子，并取了个名字叫"李维氏裤子"。消息很快就在旧金山传开了，淘金工人们纷纷前来询问，李维·施特劳斯便把剩余的帆布全部做成工装裤，结果很快就被抢购一空。由此，牛仔裤诞生了，并很快风靡全世界，给李维·施特劳斯带来了巨大的财富。

穷困与富裕之间并非相隔遥远！在遭遇暂时的穷困时，只要我们保持冷静，勇于打破思维的定势，打破习惯的桎梏，积极寻找克服的办法，说不定很快就能发现致富的金钥匙。

第五章　把握人生，成就明天

123

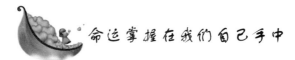 命运掌握在我们自己手中

有一个人被医院诊断出患了癌症，生命只剩下 3 个月。那年他才 40 岁，所有的人都为他惋惜，多么年轻的生命，就要这么失去了。

所有的人，都避免在他面前说起他的病情，他们只是尽自己最大的可能去满足他的愿望。他本来也认为自己的生命就这样结束了，整整一个星期，他躺在病床上，整天看着来来往往的人们，看着他们脸上挂着那种勉强的微笑，听着他们安慰的话语。他突然觉得，即使只有 3 个月生命了，他也不能就这么躺过去。

于是，在一个午后，他留下了一张字条，告诉人们不要找他，他想用两个月的时间出去玩一玩，看一看，这是他的梦想，他一直想为旅行社写一些游记，以前忙得没有时间，现在他终于有了自己的时间，可以做自己想做的事情。他告诉他们，他会在两个月后回来。

这两个月里，他去了很多地方，每到一处，他都会写一篇游记，写自己的心得，然后传给旅行社。两个月后，他回到了家中，消瘦了许多，但是他浑身却散发着一种光彩。

他还是走了，但是在他弥留之际，他说道："我终于按我自己的想法过了一回，我终于在生命的最后阶段掌握了自己的命运，此生无悔了。"他走得安详平静。

你的命运就掌握在你自己的手中，你能把自己塑造成你所希望的人，你也能创造一种有效的、有成就的生活。为了做到这些，你必须学会批判地思考、创造性地生活、自由地选择。

你也需要明确地勾勒出你想要成为的那种人的肖像，并运用你的创造力和想象力，把浓墨重彩都倾注在这个肖像上，然后，在生活中竭尽全力实现你的构想。塑造自己是一件富有挑战性的工作，值得你去为之努力。

保罗·蒂里奇曾这样写道："人们需要使自己成为他想要成为的、能把握命运的人。"但是你怎么能发现你生命的独特意义呢？如果你的思路清晰、有见地，那么，生活对你的要求就会一目了然。

人每走一步，都面临着下一步该怎么走的选择，这每一瞬间的选择也就意味着人生。

当你遇上了意外的事故，我们往往会以为在这种情况下只能选择尽早地去医院。实际上，在那一瞬间我们也还是可以有各种选择的。因为毕竟受伤的只是身体，而我们的思想是自由的。

怎样才能防止灾难的发生呢？要不要在不幸中寻求希望？作出这种选择和决定的只能是你自己的思想。

"不是谁为我选择的，我是走自己选的路……"正像这句话所说的那样，只有自己的选择才能构成自己的人生。

人们应该不断地在心里想：我的人生之路一定要按我自己的选择来走。

这种想法是非常重要的。人在每一天中都会不断重复各种选择，并将它们付诸行动，这些选择和行动积累起来，在不知不觉中便成为了习惯的模式。一旦成为习惯固定下来，那么不论是好的习惯，还是坏的习惯，遇事时身体总是先于大脑指令按以往的习惯模式行动起来。由此可见，不论好坏，习惯的力量对人生的影响是很大的。这一点我们有必要进一步清楚地认识到。

因此我们应该努力培养好的习惯，以至于我们置身于任何情况下，都能朝着好的方面作出选择。

"总是在最关键的时候失败"、"好运总是擦肩而过"，这么说的人，他一定是在选择的大方向上错了。或者是在没有认真思考的前提下作出了选择，说不定还是靠别人来替自己选择的。每天都这样度过的话，永远也不可能养成良好的习惯。

如果你希望抓住好运、改变人生的话，那么不妨试着从现在、从此时此刻开始认真思考，决定下一步该怎么办。你会发现存在着太多你想象不到的选择。

命运掌握在我们自己的手中，只要我们去行使自己的权利，而不是把这个权利交给他人。

青少年心理品质丛书

 奇迹源于积极的欲望

一个年轻人曾经问苏格拉底，成功的秘诀是什么。苏格拉底没有回答，只是要这个年轻人第二天去河边见他。

第二天，他们在河边见面了。苏格拉底拉着那个年轻人一起向河中心走去。没多久，河水就没到了他们的脖子。趁年轻人没有注意，苏格拉底一下子把他推入水中。年轻人拼命挣扎，但苏格拉底把小伙子一直按在水里。直到年轻人奄奄一息时，苏格拉底才把他的头拉出水面。年轻人把头露出水面后所做的第一件事，就是深深地吸了一口气。

苏格拉底问："在水里的时候，你最需要什么？"

年轻人回答："空气。"

苏格拉底说："这就是成功的秘诀。如果你对成功的渴望就像你刚才对空气的渴望那样强烈，你就一定会成功。"

要成功，你就必须对成功有强烈的渴望，就像一个溺水的人对生的渴望一样强烈。这种渴望越强烈，就越能激发出自己的力量。

对成功的欲望是一切奇迹的源泉，任何伟大的成就都源于对成功强烈的渴望与持之以恒的努力。积极欲望是强大的精神力量，有了它，就能精神振奋、克服困难，甚至生命受到威胁时也不会轻易放弃。

陈安之先生现在是家喻户晓的华人潜能培训大师，可是有谁能想到，当初他只不过是美国街头的一个挨家挨户敲门推销菜刀的小贩。

陈安之先生不愿这样一直生活在社会的最底层，他对自己说："一定要出人头地！"因此，他想方设法来改变自己的处境。

于是，他翻看各种报纸，试图能找到改变自己的机会。一次，他像往常一样翻看报纸，在报纸广告栏看到一则消息：世界著名的潜能培训大师安东尼·罗宾先生正在招聘课程推销员。于是，怀着改变自己的梦想，陈安之去应聘了。

现场应聘这个职位的有 600 人。招聘的人对每人都问了同样的一个问题："你愿意成功吗？" 599 个人都回答："我愿意成功。" 只有陈安之先生回答："我不仅仅是愿意，而是一定要成功！" 于是，他被聘用了，因为招聘的人认为，在所有应聘的人里，陈安之先生对于成功的欲望、决心是最大的。此后，陈安之成为安东尼·罗宾的弟子，进而讲课，成为华人世界里最优秀的潜能培训大师。

成功者之所以会成功，原因是多方面的，但其中最重要的原因之一，就是他们的心态与众不同，他们绝不甘于平庸，他们坚决地认定："我一定要成功！"

中国有一句民谚："狗嘴虽小，却想吞食天上的月亮。" 积极的欲望就是这样一张狗嘴，只要主人有决心有信心使它高倍数扩张，就有可能发生 "吞食一个月亮" 的奇迹。

有一位老太太，认为一个人能做什么事与年龄大小无关，而在于怎么做。于是，她在 70 岁时开始学习登山。在别人眼里，她已是老朽之躯，可她却去亲近高山险峰，并成功地登上了几座世界有名的高山。此后，她还以 95 岁的高龄成功地登上了日本的富士山，打破了攀登此山年龄最大的纪录。她就是著名的胡达·克鲁斯。

从 70 岁才开始学习登山，并能在 95 岁时登上富士山，这实在是一个了不起的奇迹。人生就是这样，一旦拥有了对成功的强烈欲望，胆量就会迅速增长，并且产生无穷的力量。反之，如果一个人在做事之前，就缺乏对成功的渴望，只是一味地采取消极的态度，告诉自己这也无法实现那也不可能做到，恐怕我们的人生也只能以失败告终。就像还没有开始打仗，就打退堂鼓一样。结果只能是一败涂地。

强烈的成功欲望是一个人成功的前提。如同拉弓射箭，弓拉得越满，箭就会射得越远。一个人的欲望越强，越能激发更大的潜能，成功的可能性也就越大。

生活中也有很多人，他们有对成功的向往，在他们的内心深处也充满了对美好生活的梦想，但是他们的成功欲望不强烈，更愿意过一种安于现状的生活，因此他们害怕为了梦想去承受痛苦，不敢

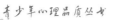

去触摸那些梦想的边缘。这些人从一开始就被自己击倒了。

另一些人则不同，他们具有强烈的成功欲望。他们清楚地知道：只有成功，才能真正地解除他们的痛苦和满足他们所要的快乐，所以他们一定要成功。而他们更清楚地知道，成功所要付出的代价是什么，他们作出了为梦想付出百倍努力的人生选择。

汤姆·邓普西是美国一位著名的橄榄球运动员。可是，没有人能猜到的是，他竟然是一个残障儿。

邓普西生下来的时候，右手是畸形，而且只有半只左脚。但幸运的是，邓普西的父母经常鼓励他，因此，他从来没有因为自己的残疾而感到不安，反而积聚了一个事事想赢的积极欲望。事实果真如此，他能够做到任何健全男孩所能做的事。例如，童子军团行军10里，汤姆也同样可以走完10里。

后来，他学踢橄榄球。他发现，自己和其他男孩子一样能踢好球，甚至能把球踢得更远。于是，他让人为他专门设计了一只鞋子，参加了踢球测验，并且与一支球队成功签约。但是教练并不看好他，尽量婉转地劝告他"不具备做职业橄榄球员的条件"，建议他应该去选择其他的事业。

最后他申请加入了另一支橄榄球队，并且请求教练给他一次机会。教练开始并不情愿，对他能踢好球心存怀疑，但是看到他这么自信，还是收下了他。

在两个星期之后的一次友谊赛中，邓普西把球踢出了55码远并且为本队挣得了分，这样，教练便打消了对他的所有疑虑。这次比赛使他获得了为球队踢球的工作，而且在那一季中为他的球队挣得了99分。

他一生中最伟大的时刻到来了。那天，球场上坐了6.6万名球迷。球是在28码线上，比赛只剩下了几秒钟。这时球队把球推进到45码线上。"邓普西，进场踢球。"教练大声说。

邓普西进场了，6万多名球迷都屏住了呼吸。邓普西一脚全力踢在球上，球笔直地前进，在球门横栏之上几英寸的地方越过。接着，终端得分线上的裁判举起了双手，表示得了3分，邓普西的球队以19比17获胜。球迷狂呼乱叫，为邓普西踢出这么漂亮的球而兴奋，

为自己准备明天的早餐

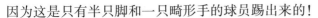

因为这是只有半只脚和一只畸形手的球员踢出来的!

"真令人难以相信!"人们这样感叹。

面对球迷的欢呼,邓普西只是微笑,他想起他的父母,他们一直告诉他的是他能够做什么,而不是他不能做什么,他之所以能创造出这么了不起的纪录,正如他自己说的:"我父母从来没有告诉我,我有什么不能做的。"

积极的欲望是成功的标志。对于汤姆·邓普西来说,他只有半只左脚和一只畸形的右手,如果他没有强烈的踢橄榄球的欲望,能取得最后的成功吗?

面对现实生活,影响我们人生命运的绝不是环境,而是我们是否有对成功的渴望。当有了对成功的渴望以后,我们离成功的目标就会越来越近。无数事实告诉我们,只要你对成功的欲望足够强烈,就没有翻不过的"火焰山",没有战胜不了的艰险。

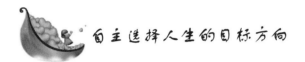

自主选择人生的目标方向

某中学,老师组织了一场即兴演讲比赛,要求初二年级所有的学生参加比赛,题目是"20 年后的我"。

学生们轮流着上去演讲,大部分学生讲的都是 20 年后,自己会成为一个教师,或者一个医生,或者一个律师。最后一个学生站到了讲台上,"20 年后,我会拥有一个很大的果园,那两座山头都会是我的果园,我还可以向人们提供参观和自行采摘的服务。"学生指着远处的两座山很肯定地说道。所有的同学都哄然大笑,连老师也笑了。

老师点评时,说道:"我希望大家的想法都能实现,但是想法一定要基于实际,不能盲目地空想,不切实际地空想只能误了你自己。"所有的人都盯着那个说拥有果园的同学笑,意思是他的想法是一个空想。学生倔强地抬着头,不理会大家的嘲笑。

20 年后,学校组织郊游,目的地正是那两座山头。此时,这两

第五章 把握人生,成就明天

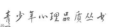

座山头已经真的成为果园，成熟的果实挂在树上，供人们采摘。

不论是在何种情况下，如果我们不能确定自己人生的方向，或者不能朝着这个方向努力，那最后的结果就只有失败。明确的方向可以使人们产生奋斗的动力。虽然很多理想也许会被人看成是在白日做梦，但是只要自己对未来有期望，并且确信自己能够达到目标而且为之努力奋斗，就很有可能会实现。

如果一个人连一个理想都没有，那生活中又怎能有明确的目标、又怎能有为之奋斗的激情、又怎能有什么收获？只有拥有梦想，有了自己明确的方向，志存高远，并辅之以积极的行动，我们才能让自己的人生更加精彩。

方向能使一个人集中精力，并把握住现在。它对眼前的事业具有指导作用，也就是说你现在所做的一切，必须是实现未来目标的一部分，只有这样你才能重视现在的工作和生活，即把握现在。一个人只有确立了自己前进的方向，找到目标，才会最大可能性地去发挥自己的潜力，主宰自己的命运。有人这样说，一个人不论现在的年龄多大，他人生之旅的真正开始，则是从他找准自己的方向、设定目标的那一天开始的，从前的日子，只不过是在原地打转而已。

当然，如果方向不够明确，目标不够科学，那么人就会变得毫无目的，今天你会为了成为一名优秀的管理者而报名学习，明天又会为了成为一个商人而四处寻找机会，后天又不知道为什么而忙碌。这就是缺少明确的目标和努力的方向造成的后果，这样做会让人的精力过于分散，时间分配也会显得杂乱无章，最后只是空忙一场，一事无成。

许多人不能成功或者不能达到自己心目中的成功，就是因为没有方向，他们不能为自己定下一个明确的目标，不愿吃苦，只盼着能够坐享其成，天上掉馅饼。或者总是被周围的环境和他人的话语所决定，没有自己的想法，他人说什么是什么，如墙头草一样，总是在寻找和改变中生活。

我们虽然没有选择自己出生环境的权利，但是我们却有改变自己生活环境的权利，当我们希望能自己决定自己命运的时候，一定不要把命运放在他人的手心上。一个有雄心壮志的人，一定都会有

为自己准备明天的早餐

一个非常明确的目标和方向，他懂得自己需要什么时候，为了什么而奋斗，所以他所有的努力，从总的来说都是在围绕一个具体的目标进行。

一个人的目标只能靠自己去选择，其他任何人都不能替代。因为你是在为自己生活，而不是为他人，只有你才知道自己真正的想法，你的目标能否坚定，也取决于这个目标是否出于你真正的意愿，是否符合你的实际情况，是否真正扎根在你的内心深处。

人生的方向一定要由自己决定，除了我们自己，没有任何一个人是我们的敌人，我们的懒惰、懈怠、无方向感、没有积极性等都是我们的敌人，所以我们的方向一定要由自己掌握，只有这样，我们才可以战胜自己。在朝着自己目标努力的过程中，不断修正自己的方向，才能自己掌握自己的人生。

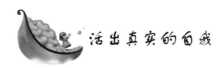

活出真实的自我

有一个叫王芳的女孩，从小心里就非常敏感，她的身材一直很胖，而她的脸使她看起来比实际年龄大得多。王芳的母亲总是用自己的方法来打扮王芳，让她感觉自己要比其他同龄孩子大得多，王芳也从来不和其他的孩子来往，她看起来非常害羞，总是独来独往。

长大以后，出嫁了的王芳依然没有什么改变，她总是躲在自己的世界里，跟丈夫的家人也很少交流，幸好丈夫家的人都非常好，他们鼓励王芳走出自己的世界，希望她能变得开朗。但是他们所做的一切，总是令她紧张不安，有时她甚至害怕听到电话的响声，她不愿意参加各种社交活动，对于那些实在推不掉的应酬，她虽然会表现得很开心，但是她的眼神里总是充满着恐慌。她很在意他人的看法，如果看到别人在窃窃私语，她就会认为大家在议论她，如果别人多看她一眼，她就会认为那人是嫌她胖，或者厌恶她的穿着。她活得很痛苦，觉得生活没有意义。

有一天，婆婆跟她聊天，询问她的一些想法，最后婆婆说："我

131

在孩子小的时候，就教育他们，每个人都是独一无二的，那么，我们就应该保持自我，也就是说保持自己的本色。"这句话让王芳恍然大悟，她明白她总是生活在别人的世界中，总是用别人的眼光、别人的模式去要求自己，根本就没活出真实的自我来。

从此以后，王芳就变了，她开始重新审视自己，在乎自己的想法和看法，她选择适合自己的穿衣风格，她主动接听电话，甚至主动联系朋友，参加各种活动，虽然还是有些紧张，但是她已经能有勇气在活动中发言。王芳说："每个人都在主动接近我，我看到他们真的很亲切，很开心。"丈夫一家也很欣喜王芳的变化。

"保持本色"，一句话，就让王芳找到了自己存在的价值，找回了自信，也找回了快乐。其实我们每个人何尝不是像王芳一样呢，我们总是感叹自己的生活就像戴了一个面具，总是在为别人活着，总是找不到真正的自己。

其实在一个人的一生中，或多或少都会有这样那样的不足，这就需要我们一定要相信自己，学会欣赏自己。只有这样，我们才能张扬出自己的个性，活出属于自己的精彩，而不是只一味地沉迷于错误的烦恼和负担中。

爱默生曾说过，在每一个人的成长、教育过程中，他一定会在某一个时期发现，羡慕就是无知的表现，模仿就是自杀的行为。所以不论好与坏，一个人必须保持自我本色。

在这个世界上的人，每一个都是独一无二的，都有着自己的性格与自己的人生观，这是他人所不能模仿出来的。能够敢于活出自我的人，才是自己生命里的主角，才能成为自己命运的主宰。

如果一个人过分地自闭而使得自己处处都显得畏首畏尾，那么虽然能掩盖自己所谓的缺点的不足，但同时也埋没了自己许多的优点和长处。要明白，刻意去追求的美终会随着岁月的流逝而枯萎。只有无论在什么时候，都能展露真实的自我才是最美的。

只有真实地生活在自己的世界里，才能发挥出你的特色，才能活出真实快乐的自我。

一个人放弃自我意味着什么？意味着去模仿他人，总是跟在他人的屁股后面跑。像这样把他人的特色误认为是自己应该追逐的东西，多半不能成就大事，即使能有所成，也是无法持久的。这对于那些想要成功的人来说，是最大的忌讳。

每个人都有自己特定的优缺点，我们没有必要因为某些世俗的观念，而将自己改造成他人。他人怎么看我们那是他人的问题，跟我们没有关系。我们怎么样看待自己，才是最重要的。

在人生的舞台上，我们经常扮演不同的角色。有时候，我们努力扮演自己其实并不喜欢的角色，这是因为我们以为这样可以使我们的事业成功，可以让我们活得更愉快。可实际上以真实的自我活着才是最为轻松自在的。如果我们患得患失，把真我隐藏起来，那样不仅可能会使事情的结果和我们的期望大相径庭，更会使我们自己痛苦万分。

我们每一个人都是独特的，我们从来就不是他人的从属和附庸。我们应该以本色示人，以本真行事，活出真实的自我来。

我们应该认清自己的需求，重新排列自己价值观的优先顺序，把自己摆在第一位。这样，我们才能干出属于自己的事业。

发挥韧性，是对成功的最好诠释

在生活中，总能发现有这么一些年轻人，他们满身才华，对未来抱着一颗激情似火的心，对前程有着一股无法停滞的冲劲，做着准备在事业上大显身手的美梦！然而，仅仅拥有激情与冲劲是远远不够的，因为只要有人的地方就必定有挫败。当他们苦苦奋斗了一段时间以后，理想却迟迟未实现，他们的身心早已疲惫不堪，激情消退，冲劲停滞，斗志全失，过着一种暗淡麻木的生活。

我国著名影视演员刘晓庆说，"做女人难，做名女人更难。"而我们要说："做人难，做成功的人更难。"

当今社会是一个高速发展的信息时代，社会上的竞争变得愈加激烈，各个方面的压抑与打击铺天盖地而来，这就造成了生活中有两种不同的人存在，一种是无论忍受多么大的苦难都能东山再起，而有些人犹如一块没有韧性的木头，一折就断成毫不相干的两截。

有则故事耐人寻味：

一个失意的年轻人寻找成功的秘诀，哲人递给他一颗花生说："用力捏捏它。"

年轻人用力一捏，花生壳便碎了，剩下花生仁。

然后，哲人叫他再用力搓搓它，结果红色的皮被搓掉了，只留下了白白的果实。

哲人再叫他用力捏捏，年轻人迷惑不解，但还是照着做了。可是不论他如何用力，却怎么也捏不碎这粒花生仁。

哲人语重心长地告诉年轻人："虽然屡受打击与磨难，失去了很多东西，但始终都要拥有一颗坚强不屈的心，这才是成功的秘诀啊！"

年轻人听后恍然大悟。于是年轻人借助了老人的话语，奋发图强，当爱情与工作陷入最低谷的时候，始终保持着战斗的姿态，最后，他成为了国内著名的企业家。

孟子说："天将降大任于斯人也，必先苦其心志，劳其筋骨，饿其体肤，空乏其身……"成功是每一个人的梦想，但是梦想终归要归于现实，拥有非凡的韧度和毅力，始终怀着一颗誓不罢休的决心，不断地发挥自己身上的韧性，这才是我们对成功的最好诠释。

其实只要我们认真关注，充斥着沮丧的泪水与失落的面容的人在我们的身边无处不在，所以尽管我们的身体已经没有了硬度，但一定要保持心灵的韧度！跌倒了又站起来，山岭依旧静悄悄。

海明威的小说《老人与海》有一段这样写道："这一天，他又出海了。在经历了一次次失败后，他捕到了一条大得惊人的鱼，这是他多少年来梦寐以求的事。经过了三天三夜的周旋，通过与大鱼的殊死搏斗，他在筋疲力尽的最后关头，终于战胜了大鱼，却又遭到了鲨鱼的袭击，最后的结局可想而知，老人回到岸边，他带回的只是一条巨大的鱼骨，一条残破的小船和一副疲惫不堪的躯体。"

海明威那朴素、精确而又洋溢着浓郁生活气息的笔触，使读者读出了老人的贫穷、凄凉、倔强和不甘。老人虽已年老体衰，却仍对生活保持那份固有的信心。在读者的印象中留下了老人光秃秃的骨骼，演奏着生命的最高韧度。

这不仅仅是一本好看的小说，更是一本值得用我们一生去品读的书。老人不能预知海上的狂暴风雨，但他接受了狂风暴雨的洗礼，最后成了海明威笔下最精彩的名曲，所以老人成功了。我们想要出人头地，也必须先从基层干起！我们无法预知未来会有多少不可预料的变化，也不知道我们将需要承载多少障碍与挫败，但只要我们拥有一颗坚韧的心，那么成功永远会属于我们。

感谢对手激发了你的潜能

每个人的一生中，总会有竞争对手，这并不是坏事，应该正确对待。虽然说对手让你经历挫折和磨难，但也正是他们的出现，才让你坚强，甚至帮助你成功，因此，你千万不要抱怨甚至仇视你的对手，反而要感谢他们。

一份研究资料说，与那些经常患感冒的人相比较，那些一年都不患一次感冒的人，得癌症的概率反而更高一些。因为常患感冒会使人体生出一些抗体，这样反而不容易得大病了。"蚌病生珠"的成语说的也是这个道理，意思是说，一粒沙子嵌入蚌的体内后，迫使它分泌出一种用于疗伤的物质，时间长了，便逐渐形成了一颗晶莹的珍珠。

在非洲某地生活着大量的羚羊，有一位动物学家来到这里考察，发现了一个奇特的现象，生活在河东岸的羚羊奔跑的速度，要比生活在河西岸的羚羊每分钟至少要快 13 米，而且繁殖能力也比河东岸的更强一些。

动物学家感到十分奇怪，依常理判断，环境和食物都相同的同种动物，差别不可能会有如此之大！为了能解开其中之谜，动物学家做了一项实验：在河两岸各捉 10 只羚羊送到对岸生活。结果一个月后，送到西岸的羚羊都活下来了，而送到东岸的羚羊有 7 只被狼吃掉了，只剩下 3 只活下来了。

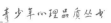

谜底终于被揭开，原来东岸居住着一个狼群，这使得东岸的羚羊天天处在一个"竞争氛围"中，为了生存下去，它们不得不让身体更加强健，也因此变得越来越有"战斗力"。而西岸的羚羊缺少天敌，结果长得弱不禁风，生存能力也更差。

许多人都视对手为心腹大患，视为异己、眼中钉、肉中刺，恨不得立即除之而后快。其实如果静下心来仔细一想，便会发现拥有一个强劲的对手，其实是一种福分。因为一个强劲的对手，会让你提高警惕，时刻有种危机感，会让你激发出更加旺盛的精神和斗志。

有一家森林公园饲养了一只美洲虎。美洲虎是一种珍稀动物，濒临灭绝，为了很好地保护这只美洲虎，公园专门辟出了一块区域作为虎园，面积达20平方千米，还为老虎精心设计和建造了"豪宅"，装有空调，冬暖夏凉，好让老虎生活得更舒心一些。虎园里森林茂密，景色优美，有山石，有清泉，还有成群人工饲养的牛、羊、鹿、兔，为老虎提供了享之不尽的美味。

总之，公园的管理人员穷尽了各种想象，把虎园布置成了美洲虎生活的"天堂"。可让人们奇怪的是，老虎已经没有了曾经的王者之气，甚至从来没有像模像样地吼上过几嗓子。人们常看到它整天待在"豪宅"里，睡了吃，吃了睡，成天耷拉着脑袋，一副无精打采的样子。公园的管理人员猜测，老虎可能是太孤独了，应该给它找个伴儿。于是公园通过多方努力，从外地运来一只母虎与它作伴，结果还是没有起到任何效果。

一天，一位来公园参观的游客，见到美洲虎那副懒洋洋的样儿，便对管理员说，老虎是森林之王，让它整天和只知道吃草不知道猎杀的动物待在一起，自然提不起它的兴趣。在老虎所生活的环境中，应该放进去几只狼，至少也应放上两只豹子。否则，美洲虎无论如何也提不起精神。

公园的管理员们听从了这位游客的建议，不久便从别的动物园引进了几只美洲豹放进了虎园。这一招果然奏效，从美洲豹进了虎园的那一天开始，这只美洲虎的颓废消极就一扫而光了。它每天站在高高的山顶愤怒地咆哮，或者犹如飓风般俯冲下山岗，或者在丛林的边缘地带警觉地巡视和游荡。美洲豹的出现，重新唤起了老虎那种刚烈威猛、霸气十足的本性。它又成了一只真正的老虎，重新恢复了王者之风。

一种动物如果没有了对手，就会变得死气沉沉。人也同样如此。如果没有竞争，没有对手，自己就不会强大，也谈不上会有什么发展。

相传，古印度有位王子，他英勇无敌，打了很多胜仗。一次征战之后，王子凯旋回朝。国王为他举办了盛大的庆功宴。王子认为功劳应该不只属于他一个人，他谦逊地举起金杯，感谢他的长辈们，感谢在座的全体将士，感谢全国的黎民百姓，感谢身边的每一个人，其中甚至还包括了给他牵马的仆人。众人皆为之感动。

一旁的老国王提醒道："我的孩子，还有一个最重要的人，你应该向他致谢呢。"王子一怔，我已经感谢了身边所有的人呀！见王子实在想不出来了，老国王一字一句地教导说："你的对手。"

参与社会竞争，就一定会有对手，我们要以一颗平常心去接受，甚至为对手的成功喝彩。与此同时，我们还要多分析对手的优点。多反思自己的不足，努力寻找改进和超越的方法。

某知名企业在中央电视台举办电视招聘，3 位求职者在角逐华东区经理的职位。这三位看上去都很优秀，因此竞争异常激烈。其中有一位年轻人，不仅自己表现出色，当别的竞争对手表现精彩时，他也很自然地露出很欣赏的表情，并且还会为之鼓掌。节目将要结束时，企业代表和评委的意见惊人的一致，都决定把聘书发给这位年轻人。

做一个懂得欣赏对手、为对手喝彩的人，你会发现自己曾经有过的狭隘自私的妒忌心理正在慢慢消失，而你的心胸会越来越宽阔，并因此拥有颇为丰厚的收获。

如果一个人用健康的心理去看待对手，就会发现对手身上有很多值得学习和借鉴的长处。把掌声送给对手，不是贬低自己，更不是阿谀奉承，而是恰到好处地肯定对手。为对手鼓掌，也是给自己的人生加油。相互鼓掌才能相互提高，这是竞争的需要。

无论是得意还是失意，都别忘了感谢你的对手！因为，有了对手，才会有危机感；有了危机感，你便不得不积极进取，不得不奋

137

发图强，不得不努力创新。正是你的对手在无形中激活了你的生命，激发了你的潜能，才让你变得如此优秀！

 积极的态度思考，生活更美好

宇宙里有一个最伟大的法则，大凡成就伟大事业的人，在非常年轻的时候就发现了这个法则，而更多的庸人，一辈子都没有领悟其中的道理。这个伟大的法则非常简短，它就是：你用消极的态度来思考，你必然会收获消极的结果；你用积极的态度来思考，你就会收获积极的结果。

有3个建筑工人，姑且称他们为甲、乙、丙。三人一同在砌一堵墙，这时来了一个人，问他们在干什么。

甲没好气地说："没看见吗？砌墙。"

乙抬头笑了笑说："我们在盖一栋高楼。"

丙一边干活一边哼着小曲，他开心地说："我正在建设一座城市。"

10年后，甲仍然在砌墙，乙成了一名建筑工程师，而丙则是甲和乙的老板。

甲、乙、丙三人都在砌墙，他们干着同样的一件事，但三个人对此有着不同的思考，便各自拥有了不同的人生。

心态是否积极主动，对一个人能否成功的影响，远远超出了天赋和才能。研究那些成功人士的经历，就能得出了这样一个结论：成功者的过人之处在于他始终用最积极的方式思考未来，用最乐观的精神支配行动，用最丰富的经验控制人生；失败者刚好相反，他们的人生是受过去的种种失败与疑虑所引导和支配的。

有个年轻人，在一家建筑工地做小工，有一天捡到一份报纸，上面有一篇介绍法国巴黎的文章，他看了后便自言自语道："总有一天，我要到巴黎去。"坐在旁边的同事听到后，便笑了起来："听，这是谁在讲话呀？"10年之后，那个年轻人果然带着妻子去了巴黎。

当时他并没有说："我想去巴黎，就怕我永远花不起这笔钱。"他对未来抱有积极的想法，这种积极的想法给了他动力，促使他为了要去巴黎而有所行动。

在这个世界上有太多的穷人，他们中的大多数人完全具备成功的特质，只是甘于过穷日子，从来没有想过自己有一天会很富有。例如，我们经常能听到人们说这样的话："我很喜欢那个东西，但是我没有钱。""我没有钱。"没错，你现在是没有钱，但不必挂在嘴上。如果你不断地说"我没有钱"，那你会让自己相信"有钱"是不可能的，你就把自己的生活引入了挫折与失望，这样，你一辈子真的会这样"没有钱"下去。

洛克菲勒在他还一文不名的时候曾说过，"有一天，我要变成百万富翁。"他果然实现了愿望。如果你不想让自己永远穷困，就应该选择一个比较积极的想法。你应该对自己说："我会有钱的，我要得到这个东西。"当你在心中建立了"有钱"、"要得到"的想法，你就同时有了期待，心里就有了追求它的激情。这种激情能带给你希望和勇气，使你能够力行不辍，去获取自己真正想得到的东西。

在很多人眼里，孙勇是个"万事通"，他会很多事情，而且做事也很认真负责。可是奇怪的是，孙勇在金钱上始终不得意。大家都不懂到底为什么。他是一个有理想的人，人缘很好，个性也很开朗，就是从来都赚不到钱。

后来还是他的一位朋友指出了他的毛病。原来问题就出在他的口头禅上了。孙勇有一句人尽皆知的口头禅："我干什么都行，就是赚钱不行。"这种想法害了他。

发现了这一点后，孙勇开始改变自己。他修改了口头禅，说："我什么都行，包括赚钱。"结果，他很快就赚到了钱。自此以后，他的经济情况彻底好转。

在这个世界上只有想不到的事情，没有什么做不到的事情！只要你能用积极的态度来思考，下定决心去做，你就一定能成功。

你应该了解：任何你想要得到的东西在还未实现之前，本来都只是一些想法。只有在有了想法以后，才有可能变成现实。想法改变了，随之而来的就会是外在改变，这可是一条永远不变的法则。

第五章 把握人生，成就明天

139

如果你经常说"我永远没有钱"、"我不可能得到"、"我没有办法成功"……那你就封闭了通往成功的路。只有不时进行积极的思考，才会改变现实。必要的时候，可以尝试运用你的想象力，你很快会发现：好运真的降临了，生命出现了转机，你的生命将以一种崭新的面貌出现。

在美国，有一个生长在贫民窟里的穷小子，身体单瘦虚弱，从小就立志长大后要当州长。为实现这个理想，他为自己制定了一系列的目标：得到雄厚的财力支持，才能去竞选美国州长；融入财团，便能获得财团的支持；娶一位豪门千金，就能融入财团；成为名人，就能娶一位豪门千金；演电影，能快速成为名人；练好身体，才能去拍电影。

有了想法，他就开始了为目标而努力行动。按照制定的思路，他先从练习健美开始，一步步地去实现自己的理想。2003 年，在他 57 岁时，成功竞选成为美国加州州长。他就是大名鼎鼎的阿诺德·施瓦辛格。

心是一切的根源，爱恨情仇、成功失败皆因心生。人生从心开始，心有多大，世界就有多大。只要一个人拥有积极的心态，拥有对未来的梦想，心中就会荡起澎湃激情，引领你克服艰难险阻，走向成功。很多人一生碌碌无为，很重要的原因是不敢去想，他们满足于已有的生活，满足于现状，导致人生最终的平庸。

在任何时候都进行积极的思考，将会使你的生活变得美好。

第六章　培养品格，造就明天

　　你的财富可以粉饰住处，但只有美德能装扮自己；你的服饰可以点缀外在，但只有行为能够代表你。

诚实是做人之本，也是立业之本

在这个社会上，有很多人认为说谎、吹嘘等手段在商业上是值得一用的，甚至认为是必须的。于是商家极力吹嘘自己商品的优点，却想尽一切办法隐瞒缺点。殊不知，这种依靠欺骗来挣得财富的策略，迟早有一天会原形毕露！

做生意需要精明，但精明绝不是欺骗。翻阅商业历史，那些真正长久不衰的老字号企业，都以诚信为经商的原则，而没有哪一家是靠欺骗而存

韩国商人郑周永曾经承包下一座大桥的修建工程。由于物价上涨，开工不到两年，为工程支付的费用就已经比签约的总工程款还要高出很多。这时，有人建议郑周永立即停止施工，以免遭受进一步的损失。

但郑周永没有这样做，他认为，损失再多金钱，也要维护信誉。于是，他毅然决定，为了保住商业信誉，即使破产也要按时把工程拿下来。在付出了巨大的代价以后，工程终于按时完工，保质保量地按时交付使用。

郑周永这一回吃了大亏，甚至于濒临破产，但他因此树起了恪守信用的形象，赢得了人们的信任。此后，生意接踵而至。不久，郑周永投标承包了当时韩国的四大建设项目：朝兴土建、大业、兴和工作所和中央产业，承建了汉江大桥的第一期工程。接着，又继续承建了汉江大桥的第二期、第三期工程。光是汉江大桥这3项重大工程就前后花了整整10年的时间，它不仅使郑周永的公司赚得了丰厚的利润，而且压倒了同行对手，一跃成为韩国建筑行业的霸主。

一个人要想使自己的事业有大发展，必须以德为本。郑周永宁愿破产也不损害信誉的做法，使他的生意越做越兴隆。

在商业交易中，需要双方都遵循诚实的原则。没有人会相信那些不诚实的人。当人们互相缺乏信任感时，就永远不会达成交易了。

为自己准备明天的早餐

事实上，绝大多数成功的生意人都以正直诚实而著称，那些不诚实的人的生意最终都会走向破产。曾有一位银行家这样说："我宁可借钱给那些诚实的穷人，也不愿借钱给不诚实的富人，虽然这些富人有很强的偿还能力。"这话表明，精明的商人非常重视诚信。诚信就是商业信誉，就是一笔丰厚的财富，而且是每一个人都可以拥有的财富。

吉田忠雄是日本著名的企业家，他在回顾自己的成功经验时说，为人处世首先要讲诚实，以诚待人才会赢得别人的信任，离开这一点，一切都成了无根之花、无本之木。

吉田忠雄曾经在一家小电器商行做推销员。刚开始并不顺利，很长时间都没有业绩，但他没有灰心，而是坚持做下去。

有一次，他推销一种剃须刀，同二十几位顾客达成了交易。吉田忠雄向这些顾客保证，他的产品低于市场上的同类产品价格。但是后来他偶然发现，别的店里也有他所推销的那种剃须刀，但价格更低一些，这使他深感不安。经过深思熟虑，他决定向所有顾客说明情况，并主动向客户退还

顾客被吉田忠雄的诚信深深感动，他们不但没有收价款差额，反而主动要求增加订货量。这次退款事件也让吉田忠雄赢得了好的名声，这给他以后自己创办公司打下了良好的基础。

诚实是做人之本，也是立业之本。顾客被你的诚信打动，会乐于光顾你的生意，同行会因为你的职业道德和良好的信誉愿意和你合作。只有坚持诚实的原则，你才能挖掘出周围所有的"钱"能，才能有长远的"钱"途。

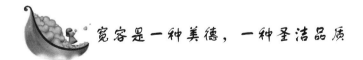

宽容是一种美德，一种圣洁品质

从前，有一位商人，家里非常富有。他有 3 个儿子，年事已高的商人想把家产让其中一个儿子继承。他对儿子们说："我不想把财产分割开，因为金钱只有集中起来才能发挥最大的效力，所以你们

仨人只有一个人可以继承我的财产，现在，给你们一年的时间，离开家去自己闯荡，一年后，回来这里，我要把财产给那个能做到最高尚事情的孩子。"

时间飞快地过去了。一年后，3个儿子回到了父亲的身边。父亲说道："一年了。把你们认为你做的最高尚的事情讲出来，让我们来评价一下。"

大儿子说道："我曾经对一袋金子毫不动心。有一个陌生人在途中身患重病，在临死之前，他托我将一袋金子带给他的家人，在他过世后，我履行了自己的诺言将金子丝毫不差地交给了他的家人。"

父亲说道："你做得对，但是诚实和履行承诺是每个人都应该具有的品德，算不上很高尚的事情。"

二儿子接着说道："我不顾自身安危、不图回报，救了一个身无分文的流浪者。他在过河的时候，不小心掉进了河里，我正好从那里路过，听见呼救声，便没有丝毫犹豫地跳进河里将他救起。"

父亲说道："你也做得对，但是人的生命是大于一切的，救人是每个人应尽的责任，也称不上是高尚的事情。"

父亲看着小儿子，小儿子犹豫了一下说道："我不知道这算不算是高尚的事情，我有一个对手，他处处跟我作对，并四处诋毁我，好几次，都差点让我身败名裂。有一次，在街道上，有一匹失控的快马朝他奔来，当时他已经傻眼了，不知道躲避，眼看他就要被马踩到，我奋力将他拉到了路边，快马擦着我们的耳边跑过。"

父亲对3个儿子正色说道："一个高尚的人，是对他人有宽容之心，不论这个人是你的亲人、朋友还是仇人、对手，能帮助自己的仇人，这就是高尚的。"他转头对着小儿子说道："你做到了我所要求的，我的财产将是你的。"

宽容是一种胸襟，它表现为心胸宽大、宽厚、富于容忍。宽容最能够表现出一个人的耐心、谦恭、明智与深谋远虑，在很多时候宽容都是解决问题的最好方法。

宽容可以使干戈化为玉帛，可以化解一切的不愉快和仇恨。一个宽容的人，能够对那些在意见、习惯和信仰方面与自己不同的人表示友好与接受，可以获得更多的友谊和尊重。而且豁达的心胸不会让自己封闭起来，更宜接受新鲜的事物，如新观念、新信息、新方法等，不仅能使自己的知识更丰富、个性更完善、想象力更丰富，还能够提升思维能力。

人无完人，每个人都会犯错。一个人犯了错误，只要没有造成非常严重的、恶劣的影响和后果，最需要得到的就是他人的谅解。当他得不到他人的理解和宽容时，就会心情烦躁，患得患失，严重的很可能自暴自弃，在错误的方向上越走越远。而理解和宽容，就如冬天里的阳光，让人感受到温暖和愉悦。

宽容不仅可以给他人带去尊重和宽慰，也是对自己的一种投资。我们对别人宽容，给了对方一个改正的机会，同时还得到别人的信任和尊敬，使双方相互之间的感情更融洽、相处更和睦。也能学会站在他人的角度上去看问题，学会理解他人的难处，包容和忍耐他人的缺点，将心比心，当自己无意中犯错或无礼时，也会得到他人的谅解和宽容。

宽容可以化解仇恨。很多人都以为在仇恨中，只有得到报复的人是受伤害最深的人，殊不知，在仇恨与报复的过程中，报复者才是受伤害最深的人，因为他时时刻刻都生活在仇恨里，仇恨使怨恨之情越积越多、越结越深，仇恨会带给自己无穷的烦恼，并像种子一样在心里生根发芽，让心灵充满阴霾，而宽容是仇恨的天敌，可以抵制住仇恨在心里的蔓延，让心灵得以平静。

"海纳百川，有容乃大。"与人相处，难免磕磕碰碰，多一分宽容，就多受一分益。斤斤计较、睚眦必报只能让自己陷于被动，最后受损失的还是自己。

宽容的人可以从他人的不足和缺陷中发现他人的优点，并能承认他人的价值，这是一种更加积极的人生态度。能容人之长，也能容人之短，才是宽阔的胸怀、高尚的人格体现。

宽容是一种美德，是一种圣洁的品质。当一只脚踩在了一朵鲜花上时，鲜花被踩扁了，却把花香留给了那只脚。这就是宽容，是一种修养，是经过千百次的容忍才得到提升的人格魅力。

在漫长的人生道路中，处处都是不如意和不开心的事，如果你不懂得宽容，如对无端的指责你予以狠狠的回击、对背后的流言蜚

145

语定要查个彻底、对他人无意的冒犯你心存怨恨……那你必然活得心力交瘁，你的人生也因此会失去许多美好和惬意。拥有宽容的心，可以冷静面对所发生的一切，也会让人与人之间冰释前嫌，促进感情。宽容地待人接物，可以让生活多一份爱，多一份理解。

世界上没有什么是不可以原谅的。莎士比亚的名著《威尼斯商人》中有这样一句话："宽容就像天上的细雨滋润着大地。它赐福于宽容的人，也赐福于被宽容的人。"只要能够放宽心胸，你就能够解放自己的心灵，回归本原。

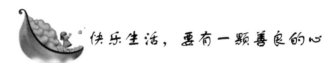

快乐生活，要有一颗善良的心

在很久以前，有一个年轻的王子，深受父王的宠爱，在王宫里过着衣来伸手、饭来张口的日子，要什么有什么。可是，他却感觉到自己过得很不开心，甚至从来没有开怀大笑过，终日愁眉紧锁，郁郁寡欢。

国王向外发布告示，征召天下的能人异士，只要能让王子快乐起来，他可以随意拿走宫里任何金银财宝。

有一天，一位魔术师前来应召，并向国王保证自己一定能让王子快乐。国王很高兴，就把他请进了王宫。

见到王子后，魔术师取出一张纸，然后用白色的东西在上面涂了些笔画。魔术师把涂好的纸交给王子，并嘱咐他在纸上倒上牛奶，就会告诉王子该怎么去做。说完，魔术师走开了。

年轻的王子把纸在桌上铺好，然后在纸上倒上牛奶。王子看见那些白色的字迹变成红色，然后又变成绿色，出现这样一行字："每天为他人做一件善事。"王子把这句话记在心里，并且按照这句话去做。不久，他果然成为了一个快乐的人。

善良的人经常帮助他人，但同时也给自己带来了快乐。俗话说"善行为快乐之本"！事实也的确如此，人与人之间的互相帮助，就如坐跷跷板一样，不能永远固定高端，而需要高低交替，这样，整个过程才会好玩，才会快乐！一个自私的人，从来都不打算吃亏，即使真捞到了不少好处，也不会快乐。因为自私的人总在算计着个人的利益，总是想打一些歪心眼儿捞到本不属于自己的利益，那他就总是疑神疑鬼、坐卧不宁，会惶惶不可终日，就连睡觉的时候都会常常被噩梦惊醒。长此以往，身心必将受到摧残。

约翰·洛克菲勒被称为美国的"石油大王"，他33岁时就成为了美国第一个百万富翁，43岁时创建了标准石油公司，这是当时世界上最大的垄断企业，每周收入达100万美元。然而开始时他却是个只求"得"不愿"失"的资本家。一次，他托运4万美元的谷物，为了避免途中可能出现的意外之灾，他投了保险，共支付了150美元。但这次托运却顺利，并未发生意外，于是，他觉得自己不应该交保险费，并因此懊悔不已，伤心得失魂落魄，病倒在床上。

他每天患得患失，对利益锱铢必较，这种心理状态给他带来了不少烦恼，并且严重伤害到了他的身心健康。到53岁时，洛克菲勒"看起来像个木乃伊"。为了挽救自己的性命，他去一家心理诊所做了咨询，心理医生告诉他只有两种选择：要么失去一定的金钱，要么失去自己的生命。

听了心理医生的话，洛克菲勒开始思考自己的人生，他终于对此有了深刻的醒悟。于是，他开始热心捐助慈善和公益事业，先后捐出几笔巨款援助芝加哥大学、塔斯基黑人大学，并成立了洛克菲勒基金会，这是一个庞大的国际性基金会，致力于消灭全世界各地的疾病、文盲。把钱捐给社会之后，洛克菲勒感到了人生最大的满足，再也不为应该失去的金钱而烦恼了，他轻松快活地活到了98岁。

还有一个故事也说明了善良能够带给我们快乐。

在一所大学的开学典礼上，校长给大一新生上了这样一堂课：

他拿出一只大纸盒，并且展示给大家看，里面装满了沙子。然后问这些新生："这里面不只有沙子，还有铁屑掺杂，只用眼睛和手指，你们有人能从中间把铁屑挑出来吗？"

所有人都摇头，一脸的疑惑。

校长笑了笑，接着说："用眼睛和手指，我们是无法从一堆沙子

147

中间找到铁屑的。然而如果我们能借助一种工具，事情就变得容易多了。有可能大家都已经想到了，这种工具就是磁铁。"

说罢，他从口袋里掏出一块磁铁，把它放在沙子里面，搅动片刻后，在磁铁的周围便聚集了箭镞似的铁屑。校长把那一团铁屑举起来，对着台下的学生们说："这就是磁铁的魔力，我们用手和眼睛办不到的事，它却能够很容易就做得非常好。"

校长说："这一盒沙子就像是我们将要面对的生活，而这块磁铁就是一颗善良的心。就像磁铁能吸出铁屑一样，一颗善良的心也会帮助你在生活中寻找到许多有益身心的知识。孩子们，如果你有一颗充满爱的心，你就能够发现，每一天都有收获，每一天都有积累，每一天都有值得高兴的事情。"

一个人只要有一颗善良的心，肯为别人奉献自我，他就能得到更多人的帮助，他的人生就会更加顺利，而他本人也会生活在快乐之中。如果我们养成善良的品行，我们就会拥有心灵和财富的富足。

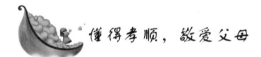

懂得孝顺，敬爱父母

在人类社会中，"孝心"使得每个家庭幸福美满，使得我们的生活充满情调，更有意义。

你的财富可以粉饰住处，但只有美德能装扮自己；你的服饰可以点缀外在，但只有行为能够代表你。品格的好坏决定人一生的成就，而青少年时期对养成一个人的品性非常重要。因此，我们在读书的时候不仅要努力学习，更要培养我们的品格。一个人最基本的品格就是要懂得孝顺，因为一个人如果连自己的父母都不孝顺，怎么可能去关心别人，感恩别人呢？

让我们先来看一个故事。

仲由是周朝春秋时候鲁国人，字子路，非常孝敬父母。他从小家境贫寒，非常节俭，经常吃一般的野菜，吃得很不好。仲由觉得自己吃野菜没关系，但怕父母营养不够，身体不好，很是担心。

家里没有米，为了让父母吃到米，他必须到百里之外才能买到米，再背着米赶回家里，奉养双亲。百里之外是非常远的路程，也许现在有人也可以做到一次、两次。可是一年四季经常如此，就极其不易。然而仲由却甘之如饴。为了能让父母吃到米，不论寒风烈日，都不辞辛劳地跑到百里之外买米，再背回家。

冬天，冰天雪地，天气非常寒冷，仲由顶着鹅毛大雪，踏着河面上的冰，一步一滑地往前走，脚被冻僵了。抱着米袋的双手实在冻得不行，便停下来，放在嘴边暖暖，然后继续赶路。

夏天，烈日炎炎，汗流浃背，仲由都不停下来歇息一会儿，只为了能早点回家给父母做可口的饭菜；遇到大雨时，仲由就把米袋藏在自己的衣服里，宁愿淋湿自己也不让大雨淋到米袋；刮风就更不在话下。

如此的艰辛，持之以恒，实在是极其不容易。

后来仲由的父母双双过世，他南下到了楚国。楚王聘他当官，给他很优厚的待遇，他一出门就有上百辆的马车跟随，每年给的俸禄非常多，所吃的饭菜很丰盛，每天山珍海味不断，过着富足的生活。

但他并没有因为物质条件好而感到欢喜，反而时常感叹。因为他的父母已经不在了。他是多么希望父母能在世和他一起过好生活，可是父母已经不在了，即使他想再负米百里之外奉养双亲，都永远不可能了。

尽孝并不是用物质来衡量的，而是要看你对父母是不是发自内心的诚敬。孝无贵贱之分，上自皇帝下至百姓，只要有孝心，在任何情形之下，不计千辛万苦，你都能曲承亲意，尽力去做到。

"父母之爱子，则为之计深远。"父母希望你刻苦学习，成才报国，你心不在焉，庸庸碌碌，心不专，志不诚，学业无成，就是不孝。父母含辛茹苦，从牙缝里挤出钱供你读书，你却不念家境，跟别人比吃比穿，奢侈浪费，就是不孝。父母巴望你遵纪守规，做一个省心的人，你却大错三六九，小错天天有，拉帮结派，吸烟酗酒，打架斗殴，网吧玩通宵，游戏厅立户，谈恋爱争风吃醋，让老师寒心，令父母伤心，就是不孝。一个连父母都不知道孝敬的人，奢谈

149

热爱集体、关心同学、热爱祖国，岂不是滑天下之大稽吗？

一个人，可以没有钱，没有地位，没有姿色，没有人爱，但绝对不可以没有对父母的孝心，因为你的生命是他们给的，而没有生命也就没有一切。作为人，我们不能没有孝心。虽然在青少年时代，我们还需要父母来养育我们，不能给父母以物质上的报答。但是对父母来说，我们努力学习，听父母的话，让自己成为一个有用的人才，就是最大的孝顺。

让我们再来看看孟子小时候的一个故事。

孟子是我国战国时代著名的思想家，他以其卓越的思想成就而与孔子齐名，并称孔孟。

孟子的成就与其母亲是分不开的，在民间就流传着"孟母三迁"和"孟母断织"的故事。孟母倪氏在丈夫死后，和儿子孟子生活在一起，为了教育儿子曾经3次搬家。到孟子年龄大一点，有一次孟子逃学回家，孟母正在织布，孟母问他："读书学习是为了什么？"孟子说："为了自己。"孟母非常气愤，就把织布机上的线割断，对他说："你如果不好好学习，就会像这些断线一样，成不了布。"孟子从此勤读，后来成为仅次于孔子的亚圣。

这个故事告诉我们，父母对我们的期望就是希望我们能够在青少年时期努力学习，成为一个有作为的人，这就是对父母最好的报答。

现在，有的青少年在外地读书，不可能每天跟父母亲在一起；甚至远离父母，跟父母相聚的时间都很短。但我们可以借助电话问候，可以借助电子邮件，一句关怀的话语都可以让父母欣慰。所以孝不分贵贱，也不分时间有无，只要你能真诚地付出，任何方法都足以让父母得到安心，都足以安慰父母。

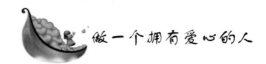

做一个拥有爱心的人

一个人从呱呱坠地到长大成人，无时无刻不享受着父母之爱、亲友之爱和来自方方面面的关爱。因此，我们在得到他人关爱的同时，一定也要学会关爱他人。

一个人，只有在青少年时期有一颗善良的爱心，长大后才能有仁慈的品质，才能真正成为一个正直的公民。一个拥有爱心的人，走到哪里都受人欢迎，也容易获得成功！

让我们来看一个小故事：

一座寺庙，香火旺盛，烧香拜佛的香客络绎不绝。一天，一位身材肥胖的老太太跨越寺庙大门时，被门槛绊倒在地，几次想起身都因太胖而挣扎不起。身边的善男信女想扶却又纷纷缩手，大约是怕老太太有个什么闪失，扶的人反而脱不了干系。也难怪，大家被那些施救反被诬陷的报道弄怕了。此时，一个正在诵经的小和尚见状，丢下手中经卷飞奔而来，将老太太搀扶起来。一位香客对小和尚说："今天小师傅又做了一件善事，积了功德。"小和尚的回答却是："不思善！"小和尚又进一步解释："在我的眼中，只有跌倒的老太太，没考虑是做善事还是修功德。"

在助与非助之间，小和尚什么也没想，他想的就是助人。人的一些本性总会在关键时刻展现出来。小和尚的行为就是爱心的自然流露。爱心是良知，是人的天性。

也许你的学习成绩不是最好，也许你的交谈有些木讷，也许你的穿着不漂亮，也许你的长相有人不喜欢，但是你的爱心一定能温暖别人。爱心将使你心胸宽阔，使你美丽。

林肯为什么能成功呢？原因就在于他在任何可能的情况下都会帮助别人，这使得他在任何情况下，都能和别人打成一片。林肯曾经在律师事务所工作，他的合伙人亨恩顿说："在林肯先生的住所住满人了的时候，他会把床让给别人，然后自己到店里的柜台上去睡。"

为什么一个具有爱心的人更容易成功呢？因为你的动作，你的行为举止，你的眼神，你的语言流露和表现出的爱心，向别人表达的信息表明你是个可信的人，是一个受人尊敬的人。因此别人也愿意帮助你，与你合作。

第一，做一个有爱心的人，要学会爱自己。

人类进化到今天，已经趋于完美。而你自己降临到这个世界上，生命只有一次，因此要使自己过得有价值才对。

你的相貌、你的身材、你的言谈举止、你的思想，没有人会和你一模一样，现在没有，将来也没有。你是独一无二的。黄金昂贵，世界上还有；钻石无价，还可以挖掘；而你不可再造，生命只有一次。因此，你要珍惜自己的身体，要用清洁和节制来珍惜自己的身体；要珍惜自己的思想，要用智慧和知识使自己升华；要珍惜自己的行为，要使自己行为高雅，魅力无穷。

第二，我们要爱我们的父母。

父母对我们的爱是不求回报的。现在我们也许体会不到这句话的含义，但是我们要学会爱父母。

爱父母的一方面就是体谅父母。其实，你开始一直坚持做家务就是体谅父母的表现。爱父母的另一方面就是尊重父母，当爸爸、妈妈休息的时候，轻轻关门、走路；吃饭的时候，请他们先动筷子；主动为爸爸、妈妈倒杯水、捶捶背、揉揉肩；星期天早起，掌勺给爸爸、妈妈做早餐，让父母享受有儿女的幸福。

有时候我们的父母也会做错事情，毕竟他们也是普通的人，也许他们的喜怒哀乐会表现出来，也许他们的教育方式并不一定恰当，出现令我们不适的事情，我们要学会沟通、学会交流、学会体谅、学会宽容。把内心的不愉快和他们交流，不要闷在心里，寻求发泄，和他们大吵或者生闷气都是不良表现。

遇到学习、生活上的事情，学会同爸爸、妈妈交流。有不少同学放学回家，把房间门一关，同父母没有共同语言。我们大多数都是独生子女，本来可以交心的朋友就少，能和自己的父母自由交流，那是多么幸福啊！父母的批评往往是人生经验的总结，能帮助我们少走不少弯路。

第三，我们要爱我们的老师。

老师的爱，感动一生；老师的教导，一生受益。它是我们人生道路上活力的源泉，生命的力量。

为自己准备明天的早餐

感恩是人生动力的源泉

不少人知道感恩节，可不知感恩节的实质。感恩是一种美好的情怀，充满感恩的人，心中不会出现很多困扰，更能带给人生活向上的激情。而激情与动力又是同载一体的，有激情才会有动力，所以说感恩是人生动力的源泉。

在生活中，有很多不懂得感恩的人，他们往往会觉得社会给予他的都是理所当然，对世事总是产生不屑一顾的态度，所以对很多得到的东西不懂得如何去珍惜，这通常就是他们的损失。所以不管怎样，人必须要学会珍惜眼前的一切，学会用感恩的心去面对生活。人生路上没有永远的风平浪静，就像有首歌里唱道"人生路上甜苦和喜忧，愿意与你分担所有，难免曾经跌到和等候，要勇敢地抬头"。当我们一路畅通无阻地行走职场的时候，也难免半路会杀出个程咬金来。或许痛苦、迷茫、焦虑都包围着我们，此时的我们更应该去珍惜一些事物，也要永远保持一份感恩的心态。有一位哲人说："哪里有感恩，哪里就有光明"。在痛苦的时候保持感恩，就能在不幸时得到慰藉、获得温暖，激发我们挑战困难的勇气，进而获取前进的动力。懂得感恩，不管在怎样的处境下我们都能感受到阳光。

有一个50多岁的老者在一次战争中被夺去了一条腿。他听说大巫山里有个泉水洞，里面的泉水喝了能治百病，凡是去那里要水喝的人都要在大巫山附近的一个教堂里祭拜。那天，老者也拿着一些祭品去寺庙里祭拜。旁人看见了，忍不住在旁边说："难道这个可怜的老头想让上帝再给他长一条腿吗？"老头听了笑笑说："我不是祈祷上帝能给我重生一条腿，而是感谢上帝还给我留下了一条腿。"

不管在任何时候，我们都要怀着一颗感恩的心去活着，就算在黑夜中也能憧憬次日阳光的温暖。学会感恩，我们的生命就算在遭受挫败中也能感受坚强。是的，这就是感恩给予我们的动力，也同时赋予我们更多的人生智慧。

有一首歌曲名叫《感恩的心》，里面的歌词就有这样几句："天地虽宽这条路却难走，我看遍这人间坎坷辛苦，我还有多少爱，我还有多少泪，要苍天知道我不认输，感恩的心感谢有你，感恩的心感谢命运，花开花落我一样会珍惜，感恩的心，伴我一生让我有勇气做我自己，感恩的心感谢命运，花开花落我一样会珍惜。"

是的，感恩让我们珍惜，感恩给我们勇气，感恩给我们动力。即使失败也能在感恩中奋力挣扎，最终挣扎出一片灿烂。听说写这首歌词的作者也是在他人生事业最低谷的时候才用心写下这首触动人心的歌词。

微软公司新来了一位妇女，她是整个微软公司几百号人中学历最低、薪水最低的一位清洁工。但是她整天乐呵呵的，把整个微软公司的办公室打扫得干干净净。对她来说，她从来没有给这么有名的公司干过活，因此她总是乐呵呵的，对公司里的每一位职工都是笑脸相迎，整个公司就她笑得最灿烂。大家都不明白这个什么都不懂、学历最低、薪水最低的大姐工作怎么这么开心。

终于，比尔·盖茨有一天知道了这件事，他好奇地问这名女清洁工："请问是什么样的力量能让你每天都如此开心呢？"

这位女清洁工说："我觉得做这份工作我很开心，并且觉得这份工作是伟大的。虽然我不懂电脑，也没有什么文化，但是我还是应该感谢公司给了我这份工作，给了我不低的薪水，足够供我的女儿上大学，这也是最重要的，所以我现在感觉自己非常满足。"

这就是感恩的力量。也许很多人会认为，我好像没有什么可感恩的，我大学毕业了，也不需要供女儿上大学。但是你应该感谢上天给了你一个健康的身体，感谢你的父母培养了你，感谢你的企业给予你这样一个平台。我们所拥有的一切东西都需要我们去感谢。

拥有感恩，是一个人前进的最大动力，也会在为事业拼搏的过程中渐渐发挥我们的进取心。带着一份虔诚心去感恩，我们干起工作来也更有力量。世上的事物都是相互的，我们怎样用心对待我们的职业，我们的职业也会怎样对待我们。只要我们深刻地去领悟这个道理，用我们全身心的热情，化成一股积极向上的动力，相信你的未来一切皆有可能。

154

学会感恩，一生受益无穷

感恩是人的一种美德，学会感激养育我们的父母，感激给予我们各种知识的老师，感激给予我们帮助的同学和朋友，感激生活中一切美好的事物。学会感恩，将使我们一生受益无穷。

有一次，某中学老师给学生布置了一个作业——"给妈妈洗脚"，学生作出的反应大概有三种：一是，"天啊，这是什么作业，脚很脏啊，我怎么能够接受呢？"二是，"莫名其妙，父母自己都会洗，用得着我洗？太形式化了吧？"三是，"父母给了我们生命，就算我们用生命来回馈，都无法报答父母的恩情，洗脚又有何难？"

我们通常认为感恩父母就是要对父母尽孝道，难道感恩仅仅就是报答、回报吗？感恩其实讲的是一种人际关系，是人与人之间情感的一种表达。它绝不是简单地仅仅给父母洗一次脚，端一次茶；当然它也绝不是虚无缥缈的概念，而是要懂得给予和珍惜，要在生活的点点滴滴的积累中慢慢养成的一种良好的感恩心态。

现在，让我们静下心来，好好地想一下，我们的父亲，我们的母亲，还有我们的老师。

从小到大，父亲也许打过你，骂过你；也许非常关心你，爱你，呵护你；也许父亲没什么文化，只会用慈爱的目光给予你关怀和支持。有一个小孩和同学吵架，同学把他父亲也一起骂了，骂父亲是乌龟王八蛋、像一条狗，小孩当时气得狠狠地扇了对方一耳光，打得对方鼻青脸肿，小孩父亲知道这件事后要小孩立即去道歉，因为对方的父亲是有权有势的，惹不起，小孩不肯去，小孩的父亲拖着小孩登门道歉。小孩就是不肯开口说一句"对不起"。最后父亲是跪下去跟对方说了句"对不起"才平息了这件事。为了家庭稳定，事业基础，不惜忍辱负重，而这一幕永远留在小孩的记忆中。

曾经也有一位父亲给孩子写过这样一封信：

孩子，在你还小的时候，父亲是你的一匹马，一匹骑着开始你

第六章　培养品格，造就明天

的人生之旅的马。

孩子，当你长大一点的时候，父亲是你的一把锁，一把让你一次次开启知识之门的锁。

孩子，当你上学的时候，父亲是你的一扇门，一扇等待你归家的门。

孩子，当你离开家门的时候，父亲是你的一道坎，一道让你历尽人生磨难的坎。

亲爱的朋友……想想你的母亲现在在哪里？你眼前现在浮现出母亲的样子，母亲从小到大无私的抚养着你，那一幕幕好像就在眼前，请把眼睛闭上，回想从小到大，妈妈对你无私付出，妈妈对你的爱足以感动天地，这么多年，在你的成长的路上，妈妈一直在暗暗地爱与支持我们，无论你走到哪里，她都在牵挂着你。

在你小的时候，妈妈也曾经漂亮过，今天，岁月却在她的脸上留下痕迹。你长大了，妈妈却老了；你长大了，妈妈却白发苍苍，手粗了，脸皱了，曾经就是那双手，为你做饭、洗衣、洗澡、梳头，也曾无数次在半夜里起来给你盖被子，把你爱吃的东西放进你的碗里，送进你的嘴里，这一切的一切，你还记得多少。你有没有看到灯光下的妈妈，已满头白发，满脸沧桑。

想起这一切，我们心中一定要有爱，我们一定要明白一个道理，人活着不仅为自己，你的生命不属于你，是属于你的父母，属于你的亲人，你活着是一种责任，一种使命。你要感谢父母，给予你生命，你要感谢他们把你养大，让你成才。

除了我们的父母，还有一个人，值得我们永远感恩，这个人，就是我们的老师。

当我们犯错误而受到惩罚时教导我们的是老师；当我们遇到一道难解的题而汗流浃背的时候，为我们细心讲解的是老师。一个赞扬的眼神，使我们万分开心；一句温暖的问候，使我们感受到第二种亲情。

虽然我们只是一轮初升的太阳，我们也要学着释放温暖，更要怀着对老师感恩的心去思考、行动，毕竟老师为我们付出的太多太多。

为自己准备明天的早餐

老师曾经说过这样的话："我们不需要太多的荣誉和赞美，我们只喜欢'老师'这两个字……"这质朴的语言无疑是老师们共同的心声，是他们内心世界最真实的情感流露。我们感谢老师辛勤的教育，感恩于他们的谆谆教诲，然而，再多赞美的言语，华丽的辞藻，也比不上我们用爱和行动来感恩老师。

感恩老师，并不需要我们去做惊天动地的大事，它表现在日常生活中的点点滴滴：

课堂上，一束坚定的目光，一个轻轻地点头，证明了你在全身心投入，你在专心致志地听讲，这便是感恩；下课后，在走廊里遇到了老师，一抹淡淡的微笑，一声甜甜的"老师好"，这也是感恩；放学了，向老师招招手，说一声"老师再见"，这依然是感恩；当然，认真地完成每次作业，积极地举手发言，靠自己的努力换来理想的成绩，取得更大的进步，获得更好的发展，这更是对老师辛勤工作的最好回报，也是老师最大的欣慰，最快乐的满足。

亲爱的青少年朋友，无论你将来生活在何时何处，或是你有着怎样特别的生活经历，只要你胸中常常怀有一颗感恩的心，就必然会不断地涌现出诸如温暖、自信、坚定、善良等这些美好的处世品格。

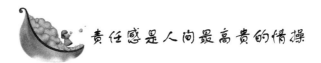

责任感是人间最高贵的情操

1920年，有个11岁的美国男孩踢足球时，不小心打碎了邻居家的玻璃。邻居向他索赔13美元。在当时，13美元是笔不小的数目，足可以买125只生蛋的母鸡！闯了大祸的男孩向父亲承认了错误，父亲让他对自己的过失负责。男孩为难地说："我哪有那么多钱赔人家？"父亲拿出13美元说："这钱可以借给你，但一年后你要还我。"从此，男孩开始了艰苦的打工生活，经过半年的努力，终于挣够了13美元这一"天文数字"，还给了父亲。这个男孩就是日后的美国总统里根。他在回忆这件事时说，通过自己的努力来承担过失，使

我懂得了什么是责任。

我们先看看下面这个故事：

查尔斯·詹姆斯·福克斯是英国著名政治家，他以"言而有信"获得了政界极高的赞誉。

当福克斯还是一个孩子时，有一次，福克斯父亲打算把花园里的小亭子拆掉，再另行建造一座大一点的亭子。小福克斯对拆亭子这件事情非常好奇，想亲眼看看工人们是怎样将亭子拆掉的，他要求父亲拆亭子的时候一定要叫他。小福克斯刚巧要离家几天，他再三央求父亲等他回来后再拆亭子，福克斯父亲敷衍地说了一句："好吧！等你回来再拆亭子。"

过了几天，等小福克斯回到家中，却发现旧亭子早已被拆掉了，小福克斯心里很难过。吃早饭的时候，小福克斯小声地对父亲说："你说话不算数！"父亲听了觉得很奇怪，说："不算数？什么不算数？"原来父亲早已把自己几天前说过的话忘得一干二净。老福克斯听到儿子的话后，前思后想，决定向儿子认错。他认真地对小福克斯说："爸爸错了！我应该对自己说过的话负责！"

于是，老福克斯再次找来工人，让工人们在旧亭子的位置上，重新盖起一座和旧亭子一模一样的亭子，然后当着小福克斯的面，把"旧亭子"拆掉，让小福克斯看看工人们是怎样拆亭子的。后来，老福克斯总是说："言而有信，对自己的言语负责，这一点比万贯家财来得更为珍贵！"

父母对自己的言行是否负责，会直接影响到孩子的人品和性格。不要轻易对孩子许诺，一旦许下诺言，就要尽可能照此执行。实在做不到，也应该给孩子解释清楚，有条件的话，尽快将此补上。这看起来像是小事，可如果父母总也不实现自己的诺言，孩子便不会再听信父母的话，因为他们会觉得父母在欺骗他们。

学习是一个互动的过程，关键还在自己的责任心。学习学得好，也是一种责任，既是对自己的生存和发展负责，也是对社会负责。当然，只有首先对社会负责，为社会作出贡献，社会才能承认你的价值，社会才会回报你生存和发展所需要的东西，社会才对你负责。这也就是对自己负责。

为自己准备明天的早餐

另一个故事也发生在美国。

汤姆搬进新家不久，有一天，门铃响了，汤姆打开门，一个小男孩站在门前，他自我介绍叫亨利，并指着斜对面那栋漂亮的房子，告诉汤姆那是他家，然后问："我可以帮你剪草坪吗？"汤姆看着他那瘦小的身材，很难相信他能够剪这前院、后院面积颇大的草坪，不过，既然是他主动要求做，就点点头说："好啊！"

男孩很高兴地推来剪草机，开始工作。他把笨重的机器推来推去，剪得相当整齐。完成工作后汤姆付给他 10 美元，好奇地问他："你挣的钱做什么用？"男孩说："上个星期我过生日，爸爸送我半辆自行车，我要赚另一半的钱。如果下个星期再让我给你剪草坪，我就可以去买了。"从那以后，汤姆家剪草的工作就给男孩承包了。慢慢地，附近几家的草地也都包给他去做……

在我们成长的过程中，随时随处培养自己的责任心，不推诿，不逃避，使我们在承担责任的过程中完善自己的人格。这对我们日后的独立与自信无疑会产生巨大的作用。

责任感是人间最高贵的情操。一个人能承担多少责任，就能成就多少事业。在学习的过程中，最怕的就是自己没有负责任的勇气，不负责任的人不管能力多强，因为无法持之以恒，让人无法安心托付重责大任，最后，与成功失之交臂。人生是由许多经验累积而成，所以只要肯承担责任，就会有成就。如何培养承担责任的力量？首先要从自我认识、自我训练做起，不逃避自己的短处，能够勇于面对自己的错误，并加以改进。

用忠诚的品格为前途加分

每个人都有谋求自身利益、实现自我价值的权利，可是，有很多人就因此认为上班只是在替别人卖命，因此做起事来也是敷衍了事。或者有的年轻人为了自以为能追求到的利益而频频跳槽，让忠诚在他们的眼里不知不觉地丢弃了。

近年来很多企业设立了一个很新颖的奖项，那就是"忠诚奖"，因为一个员工的忠诚，就是公司的财富。的确，一个公司今天招了一些新员工，明天培训了，后天就跳槽了，这确实是一件令企业老总十分头疼的事，这样的员工，也是一种不忠诚于企业的表现。所以通常在职场上，做一名忠诚的员工，往往比别人获得的更多。有一个这样的例子：

刘棍铜是江西人，在广东一家工厂里面做业务员。因为他讲的普通话不标准，所以业绩总要比其他同事差一些。2008 年，全球金融危机，各大企业都面临裁员问题，刘棍铜所在的工厂也是如此。刘棍铜心里很着急，他的普通话讲得不标准，业绩又比其他同事差，这次工厂裁员他肯定逃不过了。眼看着家里上有 70 岁的老母，下有两个幼小的孩子，如果他下岗了咋办呀。可是令人没有想到的是，工厂一次性裁员 50%，而他却被留下来了，就连他自己都觉得这件事情很难想象。几天过后，他终日惶惶的心终于变得平静。

这场风波终于过去了，有次在会议结束后，老总特意把刘棍铜留下来，等其他人都走了，老总走到他身边，对他意味深长地说："那次裁员的时候差点就裁掉你了，最后我跟你的老大一致认为虽然你业绩比较差一些，但是你对公司很忠诚，这一点我们从平日里看得出来，这也是我们一致要把你留下来的原因。其实不管在什么时候，特别在企业面临危难的时候，最需要的就是像你这样忠诚的员工。"

一番话说得刘棍铜热泪盈眶。当场他就宣誓以后一定要好好干。就在次月，刘棍铜的业绩打破了新的纪录，成了公司里最高的业绩。3 年过去了，工厂已经发展成拥有两千名员工的大公司了，刘棍铜已经成了东莞有名的铁嘴铜牙。

优秀的企业不仅在寻找有能力的员工，更在寻求忠诚的员工，这也是许多优秀企业最聪明的做法。一个员工能够对企业忠诚，就像刘棍铜一样，必定会受到老板的青睐。一个对公司给予忠诚的人，也必将是职场最欢迎的人。由上述例子我们也可以得出，凡是对企业忠诚的人，无论能力大小，老板都会给予重用。这样的人无论走到哪里都有条条大路向他们敞开。

古往今来，人们都视忠诚为最高尚的一条美德，忠诚也作为了人量己的一条准则，在生活中，我们要忠诚于自己的朋友，忠诚于自己的伴侣，当然也要忠诚于自己。其实一句话概括，生活中少不了忠诚，如果你没有忠诚，就必将遭受到社会的谴责和唾弃。

红楼梦里描写的众多丫鬟虽然各个命途多舛，却好像没有哪个一气之下就离开贾府的，她们个个都对主子死心塌地，也没有说要上别人府里去干活的。就连这些不怎么识字的丫鬟都知道什么是忠诚，更何况我们这些受过这么多教育的现代人呢。

有古谚说"一盎司忠诚相当于一磅智慧"。从这句话中我们可以看出，忠诚对于我们每个人来说是非常重要的！从古到今，洪承畴叛明投清，遭老母追打；吴三桂叛明叛清，被康熙诛杀。这都是一些没有忠诚之徒，才至如此的下场。更有岳飞精忠报国，我国爱国诗人屈原，在流放途中听说自己的国家楚国被灭，投汨罗江以殉国。以上两名伟人，正是因为具有忠诚的品德，才被人传颂至今。

一个不忠诚的人，走到哪里都是被人唾弃之人。一个人失去了忠诚，就等于已经毫无用武之地了。所以忠诚也被很多人称为一种生存方式。

然而生活在社会上的人谁又不是为了生存，所以那又为何不让我们的生活过得绚丽一些。都说工作是我们的立世之本，作为职场人士，我们想要在职场的旅途上获得的更多，那就让我们忠诚吧，它会在不知不觉中为我们赢得更多的好处。所以忠诚也是我们身立职场上的一张王牌，也只有忠诚，才能为我们的职场旅程开拓出一条大路。

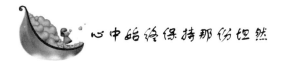

心中始终保持那份坦然

林肯被公认是美国历史上最伟大的总统，但是他当选的那一刻，整个参议院的议员都感到尴尬甚至是耻辱。因为当时美国的参议员们很大一部分都是出身望族，他们从未料到面前的总统会是一

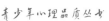

个出身卑微的人，因为众所周知林肯的父亲是一个鞋匠。

　　林肯首次在参议院演说之时，就有参议员为此来羞辱他。当时，林肯正站在演讲台上，一位态度傲慢的参议员站起来说道："林肯先生，在你的演讲开始之前，我希望你能够记住，你只是一个鞋匠的儿子。"所有的参议员都哈哈大笑起来，他们认为自己虽然不能打败他，但也要羞辱他一番。

　　林肯没有发怒，他只是等大家的笑声停止后，不卑不亢地说："我非常感激你！使我想起了我那已经过世了的父亲，我会永远记住你对我的忠告，我永远是鞋匠的儿子！我知道我做总统永远无法像我父亲做鞋匠做得那样好。"参议院里立刻陷入了一片静默之中，林肯转头对那个傲慢的参议员说："据我所知，我父亲曾经也为你的家人做过鞋子，如果你觉得鞋子不合脚，我可以帮你修正它，虽然我不像我父亲那样是个伟大的鞋匠，但是我从小也跟随父亲学会了做鞋子这门手艺。"

　　最后他用温和的目光扫视着全场所有的参议员："对这里的任何人都是一样，如果你们穿的鞋是我父亲做的，而它们需要修理，我一定尽可能帮忙。但是有一件事是可以肯定的，我无法像他那样伟大，他的手艺也是无人能比的。"说到这，林肯流下了眼泪，全场却爆发出了雷鸣般的掌声。

　　林肯以自己是一个鞋匠的儿子而自豪，这是一种多么伟大的品质，他震撼了那些轻视他的所谓"出身高贵"的人。林肯用自己的一生也证明了，起初你可以为他的身世耻笑他，但最后却不得不承认他是一个伟大的总统，一个令人敬仰的世界巨人。

　　一个人生活在这个世界上，首先要实现的是自己的人生价值，而不是去为了求得所有人的认同。大千世界里，没有一个人敢说自己能够得到所有人的好感，总会有一些人是跟自己过不去的，既然任何人都不可能赢得每一个人的心，那么又何必要虚伪地去讨好所有人呢？因为不管你如何努力，你都不可能让你所有的敌人或对手都成为你的朋友，有敌人或者对手很正常，我们完全没必要花太多时间和精力去讨好每一个人。

　　如果总是为了此事而患得患失，过于重视他人的态度，总是将

为自己准备明天的早餐

自己的得失感建立在别人的言行上，又怎会开心呢？别人怎么想，跟你没有什么关系，他愿意怎么想，就让他去想好了，你也不用总是去揣摩他们的心思，别人冷落了你，并不意味着你的价值不存在；别人看轻你，只要你不看轻自己就行。

面对他人对我们的侮辱，我们可以强忍，也可以选择反击回去，最好的反击就是用屈辱来激励自己，将挫折转化为伟大的志向，用这些内心的愤怒去开创属于自己的事业，并进而完成自己的梦想。乔治·桑是法国著名的女作家，她曾经说过："不要试图去报复自己所受到的屈辱，而应当把它们看成是自己前进的动力，进而让屈辱去激励自己。"

他人忽略你或冷淡你，其实也是在告诉你如何去对待他们。面对他人的轻视或怠慢，我们不应回避和退缩，可以放低姿态，露出坦诚的笑脸，主动表示友好。这样做无疑是有益和实用的，因为在退避三舍与锋芒毕露之间有一块中间地带，可以使我们愤怒的情绪得到缓冲，也许这样做会让你感到委屈，但是一定要记住，走自己的路，让别人去说吧。

每个人都有属于自己的生活，也会有他人无法分担的伤痛，生命的意义就是承受一个接一个的伤害，而你却还健康地活着，你能够承受他人给予的任何伤害，这是最重要的。

一个人的气度、修养、魄力决定着他控制自己情绪的能力，自古以来，所有的伟人和智者都是善于管理自己情绪的人。他们不让自己的心灵受到诸如讥讽和指责的侵扰，而是让心灵充满超然物外的平静和淡泊，这就是坦然，当心中始终保持着那份坦然，那么，他人所有对你不利的一切就不会干扰到你，你也就不会在乎他们的冷眼，而是让自己的一生无怨无悔，充满精彩。

第六章　培养品格，造就明天

 赢得拥戴，先要恭敬地对待他人

张杰以全校第 3 名的成绩考进了一所重点大学。

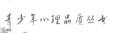

他回到母校找到了自己初中时的班主任，并深深地鞠了一躬，说道："谢谢您，是您给了我尊严。"

张杰初中的时候，因为家里很穷，他穿的总是学校里最寒酸的，为此，同学们都瞧不起他，他也觉得抬不起头来。他整日生活在自卑中，学习成绩也很不理想，所有的人都不愿意跟他来往。他也总是一个人坐在角落里，默默地看着同学们兴高采烈地玩着。

这天，班里新来了一个班主任，是一个年轻的男老师。男老师站在讲台上，先做了一番自我介绍之后，让每个同学都做一遍自我介绍，同学们都争先恐后地举手。张杰是最后一个介绍的，当他弱弱地介绍完自己时，只听男老师说道："呀，张杰的大舅出来了。"同学们都为之一愣，不知这是什么意思，老师指了指张杰的脚，原来张杰的袜子上破了一个洞，露出了大脚趾。同学们哈哈大笑起来，个个笑得前仰后合，张杰的脸立刻变成了红色。他呆呆地坐在那里。

这时只见班主任蹲到了讲台下，不一会站起身，说道："啊呀，我的大舅也出来了。"说完还伸出了自己的脚，只见雪白的袜子上真的也有一个洞。同学们更是笑得不得了。这时，张杰站起身跑了出去，老师喊他，他也不理睬。

考上大学的张杰对老师说道："其实那一次我看见您蹲在讲台下，撕破了自己的袜子。从那时起，我就下定决心，一定好好学习来报答您。"

面子是一种很微妙的东西，还很敏感，即使连孩子也懂得保全面子，面对不同的场合、不同的对象，面子的含义也各不相同。有时候，保住他人的面子也是爱心的体现。

不懂交际艺术的人往往会毫不客气地指出别人的过错或缺点，或者用直接而强硬的方式去说服别人，要知道，每个人都有自尊心，人们可以对某些利益进行忍让，哪怕吃点暗亏，但就是不能伤了自尊。在交往中，尊敬他人，就是给了对方一份人际交往的厚礼。

在现实生活中，凡是得到别人尊重的人，都是他们先自觉地尊重别人的结果。反之，一个唯我独尊、自以为比别人高明的人，一个总是要别人来迁就自己、服从自己的人，一个经常嘲笑别人、取笑别人缺陷的人，是不可能得到他人的尊重的。

为自己准备明天的早餐

尊重他人是不轻易否定别人的意见，不把自己的观点强加给别人，也不盲目地随声附和，尊重他人的劳动成果，尊重他人的正当权利，不硬性地为他人做主，不过多干涉他人的私事，尊重他人的人格，不传播有损于别人名誉的流言蜚语，不拿别人的生理缺陷开玩笑，不乱给人起外号等。

有一个富商讲述了一个他祖父的故事：

那时候，他的祖父很穷。快到年关的时候，祖父顶着大雪去向村里一个首富借钱，首富很痛快地就答应了，并给了祖父两块大洋，也许是那天首富心情不错，在祖父临走时，他说："拿去过年吧，不用还了。"祖父小心地接过钱，并包好，就匆匆往家走了。首富在后面还特意叮嘱了一句说："不用还了。"

第二日，首富起来打开院门，他发现自己家门口的积雪被打扫得干干净净，首富到处打听，终于打听到这事是祖父干的。首富明白了：施舍只能让别人成为乞丐。祖父不愿被看成乞丐，于是他用行动来维护自己的尊严。

首富赶到祖父的家中，让祖父写了一份借契，祖父流下了感激的泪水。

一个人生活在社会中，总是要和许许多多的人发生各种各样的关系，有些是直接的关系，有些是间接的关系；有些密切一些，有些则平淡一些；有些是长期的，有些则很短暂。比如一个工人，他除了和家庭有关系，在工厂和领导、同事有关系，在商场会和售货员有关系等，在这众多的关系中，只有做到恭敬待人，才能够赢得对方的尊敬，彼此之间才能相容与和谐。

所谓"敬人者，被人敬"，"种瓜得瓜，种豆得豆"，但是在现实社会中很多人都不明白其蕴含的道理，人们总是既渴望得到他人的尊重与爱戴，又总是用自己手中的权势去打压他人。要知道用高压手段获得的尊重，是不会长久的，不会真正发自对方的心里。如果你能处处先尊重他人，他人反过来会对你更加尊重，如果你张口骂他人，得到的也是回骂而已。

对他人尊重是一种做人的美德，也是一个人内在修养的外在表现。对人尊重是不以人的地位高低、权力大小、钱财多少来衡量的。

在赛场里，尊重不仅体现在为明星运动员喝彩和呐喊，也体现在给普通运动员掌声和鼓舞。尊重不仅体现为自己国家的选手摇旗助威，也体现在为对方国家的选手胜出时的喝彩；在生活中，尊重不仅体现在对位高的人的崇敬，也体现在对普通小人物的不歧视。尊重不仅体现在对有好感的人真诚相待，也体现在对不喜欢的人心存宽容。尊重不仅体现在对他人功成名就时的锦上添花，也体现在他人不如意时的雪中送炭……

自己对待他人的态度往往也决定了他人对待自己的态度，如同一个人站在镜子前，你冲镜子微笑，你看到的也是一张笑脸，你生气，得到的也是一张生气的脸，你冲它挥舞，它也在冲你挥舞。

因此，要想赢得他人真正的拥戴，必先要恭敬地对待他人。

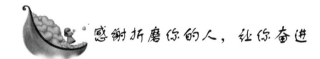

感谢折磨你的人，让你奋进

几乎所有的人都会对折磨过自己的人恨得咬牙切齿，一概将其打入敌人行列，然后就是厌恶再厌恶、憎恨再憎恨。

当你开始仇恨时，你会发现你的内心充斥着的全是愤怒，你心烦意乱，寝食难安，快乐也离你远去，你给你的敌人的成功簿上又重重地加了一笔，因为你的仇恨没有打击伤害到你的敌人，反而将你自己的内心严重摧残，使你的生活乱作一团。你为此失去了欢笑，损害了健康，你让你的敌人不战而胜。

比如，某人无意中的一句话伤害了你，你对此耿耿于怀，你无时无刻地想着他怎么能伤害你的感情，他为什么要伤害你，你为此变得多疑，你看见他就想起这件事，你想着自己应该怎样还击，也让他尝尝被伤害的滋味。可是他并不知道你会为了这一句话受伤害，依然在见着你的时候亲切地问候你，关心你。你又会想，他是不是想看我的笑话，他怎么会装得什么也没发生过。为此，你睡不好，吃不香，你的生活被搅乱了，而对方却什么事情都没有，愉快地生活着。

而某一天，当误会解除，你宽恕了对方，你发现你所憎恨的一切显得那么没有意义。

生活中没有永远的仇人，只要心中的怨恨消失了，仇人也可以成为朋友。如果你的仇人知道你对他的怨恨让你失去了自己原有的生活、快乐和健康，他不是更快乐吗？那么你又为什么替仇人来惩罚自己呢？

然而在生活中，人们总是会对给自己带来伤害的人痛恨不已。人们记住了所有的不愉快，并把伤痛延续到现在，以致憎恨越来越深，自己也永远走不出过去的阴影，永远也抹不去曾经的伤痛。为了能释放自己，人们总是说要宽恕要原谅，可是有多少人能做到呢？

有人说，宽恕是软弱的表现，这种说法是错误的。仇恨抚平不了心中的伤痕，冤冤相报也只能让双方都被捆绑在无休止的怨恨的列车上，互相攻击却各自承受着痛苦。法国有句著名的谚语："原谅过去，才能释放自己。"当你宽恕了曾经伤害过你的人，你的生活就会变得轻松愉快，你就能忘记忧愁。

不要尝试去报复给你带去折磨和仇恨的人，如果你选择那样做，受到更深伤害的人只有你自己。要想得到世界，你就要容纳你的敌人。那些成功的人之所以能够在各类人中游刃有余，就是因为他们懂得放下怨恨，用宽容来对待折磨伤害过自己的人，不仅为他人更为自己开启了许多方便之门。

其实当你憎恨了多年之后，你居然发现，你现在所拥有的优越的生活、成功的事业、渊博的学识、你所满意的一切，有很多都来自于逆境的帮助。激励你成功让你坚持到底的，竟然不是顺境与优裕，不是亲人和朋友，却恰恰是那些折磨过你、给你带来巨大麻烦与不快、让你憎恨的人。

没有石块的阻拦，小河就不会飞溅起美丽的浪花；没有海浪的冲击，就不会形成广阔无垠的沙滩；梅花能散发出沁人的芳香，是因为有了冬日风雪的侵袭……

折磨你的人恰似那阻挡小河的石块、冲击沙滩的海浪、侵袭梅花的风雪，给你挫折，给你打击，给你屈辱，也让你下定决心，积蓄力量；他们激发了你求胜的欲望，让你充满激情和动力，他们的

167

存在迫使你不得不为了自身的生存或尊严而不断努力、进取、创新，正是种种诸如此类的行会使你变得强大，让你的人生更加精彩，让你的愿望得以实现，让你的地位得以提高。

大自然就是这么奇妙，没有天敌的动物往往最先灭绝，而有天敌的动物却能够生存下来甚至逐步繁衍壮大。人类社会也同样存在这一现象。当每个人都赞扬你、称颂你、顺从你时，你就只看到自己的好，并安于现状，原地踏步。相反那些折磨你的人，使你不能懈怠，永远保持拼搏的斗志，从而越来越强。

所以请感谢折磨你的人，让你在逆境中也能奋勇前进。你应该庆幸你拥有他们，让你能够用仁慈宽厚的心去原谅他们，在得到他们的尊敬的同时，也铸就了你高尚的人格。

第七章　培养兴趣，投资明天

　　古今中外，凡是有成就的人物，不论是科学技术方面的，或者是文学艺术方面的，都跟他们对所从事的工作具有浓厚的兴趣分不开的。

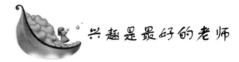

兴趣是最好的老师

古今中外，凡是有成就的人物，不论是科学技术方面的，或者是文学艺术方面的，都跟他们对所从事的工作具有浓厚的兴趣分不开的。英国19世纪的伟大生物学家达尔文在自传中写道："就我记得在学校时期的性格来说，其中对我后来产生影响的，就是我的强烈而多样的兴趣，沉溺于自己感兴趣的东西，了解任何复杂的问题和事物。"达尔文小时候的学习成绩并不太好，按照他父亲的说法，"是一个平庸的孩子"。由于酷爱大自然，对动、植物怀有特殊的兴趣，他以极大的热情和耐力到野外收集许多风干了的植物和死了的昆虫，把搜集到的贝壳、化石、动植物制成标本，挂上标签。他的小卧室简直成了一个小型植物馆。童年的爱好为他一生的事业奠定了坚实的基础。达尔文能成为世界著名的伟大生物学家，对人类文明作出巨大贡献，这是与他从小受到的家庭影响，以及他父亲的热情支持分不开的。

许多科学家、优秀的学生，谈到自己成功的原因时，都一再强调自己对学习有浓厚的兴趣。兴趣是学习成功最好的老师。

为什么指南针永远指着南北极？这个现象使童年的爱因斯坦大惑不解，也使他兴趣盎然，从此对科学着迷。罗曼·罗兰自幼酷爱写作，16岁时曾发誓："不创作，毋宁死！"后来成为一代文豪。亨德尔5岁即对音乐发生兴趣，却遭到父亲的反对，强烈的兴趣驱使他夜晚趁家人睡觉时去屋顶练琴。

著名女作家冰心，四五岁的时候，母亲教会了她识字，她便对读书产生了浓厚的兴趣。小冰心读书到了入迷的程度。有一次，她在澡房里偷着看书，时间太久，洗澡水都凉透了，气得她母亲把书抢过去撕破，扔在地上。小冰心竟趔趄地走过去，拾起被撕残的书又看起来，生气的母亲只好笑了。小冰心看书成癖，哪怕是一张纸，只要上面有字也要看看。

孔子曾说:"知之者不如好之者,好之者不如乐之者。"

爱因斯坦说:"兴趣是最好的老师。"

日本教育家木村久一说:"天才就是对兴趣的顽强的入迷。"他还说:"制造庸人的方法是极为简单的,那就是不让孩子热衷于某一事物,只这一点就够了,对任何事情都不着迷,都不感兴趣,这就是庸人的特征。"

兴趣是能量的调节者,它的加入发动了储在内心的力量。据研究,如果一个学生对学习有兴趣,积极性高,就能发挥其全部才能的80%~90%;反之,他的才能只能发挥20%~30%。法国著名昆虫学家法希尔说,兴趣能把精力集中到一点,其力量好比炸药,立即把障碍物炸得干干净净。

兴趣不明确的同学要开发兴趣,培养兴趣。根据心理学的研究,人的心理自我期待的力量是无穷的,为一种兴趣去努力,日后你有可能是这方面的专家,至少术业有专攻,可以丰富你的才能,提高生活质量。

发展我们的兴趣、爱好,会不会不利于我们的学习?

什么是兴趣?它有什么作用?心理学认为,兴趣是人积极探究某种事物的认识倾向。当一个人对某种事物发生浓厚而稳定的兴趣时,他就能积极地思索,大胆地进行探求,并使其整个心理活动积极化。这表现为积极主动地去感知有关事物,对事物的观察变得更加敏锐,记忆力加强,想象力丰富,情绪会高涨,克服困难的意志也会增强,长时间从事有兴趣的活动也不会感到疲劳。

不要担心你对某种活动产生了兴趣,会因分心而耽误学习。因为如果你强迫自己忘掉爱好与兴趣,坐在书桌旁,难道你就可以专心致志地读书学习了吗?答案是否定的,强迫学习是不切实际的想法。学习是一种艰苦的脑力劳动,没有自觉能动性是学不进去的。这正如俄国19世纪著名教育家乌申斯基所说的:"没有兴趣的学习,被迫进行的学习,会扼杀学生掌握知识的愿望。"

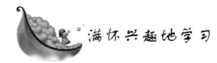

满怀兴趣地学习

为自己准备明天的早餐

苏联学者西·索洛维契克曾对3000多名懒于学习的学生进行过"满怀兴趣地学习"的实验,取得了良好的效果。他的实验要求是:

1. 学习前做好充分准备,对自己一再说:"我喜欢你——植物学(原来最不感兴趣的学科),我将高兴地去学习!"

2. 一定要努力去学习,要比平时更细心一些,要花更多的时间。因为细心就是热爱学习的主要源泉。

实验进行几周后,陆续收到参加实验的学生充满兴奋情绪的报喜信。绝大多数学生实验成功了,开始对原来最感头痛的课程产生兴趣了。

其中一位学生说:"每次,我开始学习俄语语法时,我就不断地打呵欠。我非常想打呵欠,可我紧闭住嘴。在开始准备语法课前,我故意让自己表现出高兴的心情,就像在预习历史课时那样(历史是我最喜欢的课程),我跳呀,唱啊!我想象着一定会像历史那样有趣。这样持续了12天。您知道,现在,这种自我寻找乐趣的方法已经成了我的习惯。俄语课也真的使我觉得是一门有趣的课程了!"

西·索洛维契克指出:"实验本身表明,满怀兴趣地学习收到了成效,并且要继续下去。成功给人以鼓舞,给人以力量,给人以兴趣。""直到正常的学习变成习惯,实验也不再是实验了,它已成为一种常规。"

这种学习法,其实就是要让自己做情绪的主人。

获得兴趣的重要原因之一在于情绪。面对同一事物,不同情绪的人有不同的感受。同样面对明媚的春光,情绪高昂的人会为之欢欣鼓舞,奋发上进;情绪消沉的人则会为缤纷的落花而伤感,为纷飞的柳絮而惆怅。同样面临一座高山,情绪高昂的人会为自己战胜重重困难,攀上顶峰而兴奋激动;情绪低落的人,则会对在荆棘丛生的羊肠小道上跋涉感到苦不堪言,而最终望"峰"却步。

要善于控制自己不良的情绪，怎么控制？就从身边事、手头事、脚下事开始，从写一个字、记一个词、算一道题、理解一个公式开始。

硬是要施加一个快乐的意念，硬是不让低落的情绪干扰自己。快乐的意念施加久了，就成为习惯，成为一种在困难面前也满怀兴趣去思考、去实践的习惯。

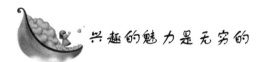

兴趣的魅力是无穷的

青少年时期，每个人都兴趣广泛，心灵的田野里长满了各种各样的兴趣幼苗。

幼苗多了，你不让我，我不让你，争营养，争水分，争时间，结果谁也长不好。随着年龄的增长，我们应理智地分析一下自己这些兴趣的幼苗，哪些是有益的，哪些是有害的，哪些是没希望长大的，哪些根本没有培养前途，然后忍痛割爱，像菜地里的幼苗一样，锄掉那些没希望长大的幼苗。

当我们懂得分辨兴趣的好与坏后，再对自己保留下来的正确的兴趣进行除苗、护苗，将那些没希望的兴趣之苗除掉，有希望的兴趣之苗要细心呵护。

瑞士著名心理学家皮亚杰说："所有跟智力有关的工作都要依赖于兴趣。"

兴趣是智力活动的巨大动力，是人们进行求知学习的心理因素。兴趣比智力更能促进学习。强烈而稳定的兴趣是从事活动、发展才能的重要保证。教育家斯宾塞说："如果兴趣和热情一开始就得到顺利发展的话，大多数人将会成为英才或天才。"

全世界的青少年几乎没有不知道米老鼠和唐老鸭的。这两个活泼可爱的形象就是由美国人沃尔特·迪斯尼创造的。这个穷人家的孩子不仅创造了一系列卡通艺术形象，而且还创造了著名的迪斯尼乐园，而这一切非凡的创造源于迪斯尼天才的头脑、勤奋的劳动和

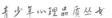

不懈的努力，更得力于他对整个美好世界无限的兴趣。

1901 年，迪斯尼出生了，虽然家里很穷，但童年的迪斯尼过得很快乐。

他在广阔的农场上一天天长大。他对树林中的各种树木都充满了兴趣，对于各种动物更是感觉奇怪，每天他都会跑到树林里欣赏兔子、松鼠、浣熊自由戏耍的动作形态，也喜欢乌鸦、鹰、啄木鸟、麻雀、燕子等鸟类的鸣叫与飞翔。平时他除了帮爸爸干活外，一有时间他就画自己喜欢的小动物们。童年的这些观察为他后来的卡通创作提供了丰富的素材。

有一次，小迪斯尼的妹妹得了麻疹，发着高烧。看到妹妹难受的样子，小迪斯尼很难过。怎么样才能使妹妹减轻痛苦呢。小迪斯尼一有空就陪在妹妹身边，给他讲笑话，还给妹妹画漫画，而且他还花了一番功夫，动了很多脑筋，为妹妹做了一套能够翻动的组画。这无疑是他制作卡通画的思想萌芽。他的卡通表演逗得妹妹咯咯直笑。

在迪斯尼幼小的心中深深明白这样一个道理：我喜欢画画，只要好好画画就行，这样我会很快乐，也会最终获得成功的。

心理学家认为："兴趣是一个人能量的激素。"对一件事物产生浓厚兴趣的人，他的智能会得到充分的发挥。

兴趣有一种神奇的力量，它能使你不觉得苦，忘记劳累。它会为你学习一门技艺，增添上一层斑斓的色彩。

英国大数学家麦克斯韦童年时，父亲有心将他培养成画家。一次，父亲让他画静物写生，对象是插满金菊的花瓶。麦克斯韦画完，父亲一看笑了，原来满纸画的都是几何图形，花瓶是梯形，菊花是大大小小的一簇簇圆圈，那些大大小小的三角形大概是表示叶子的。

从此父亲发现了麦克斯韦的数学天赋，于是因势利导，培养他学习数学，使他一步步走入神圣的数学殿堂，最终成为一个伟大的数学家。如果麦克斯韦的父亲一味培养孩子没前途的美术兴趣之苗，美术界也许会多一个三流画家，而数学领域却少了一位卓越的数学家。

列夫·托尔斯泰生长在一个贵族家庭里，父母都爱好文艺，家里有很多文艺藏书。在这种家庭环境的熏陶下，列夫·托尔斯泰爱上了读书。有一天，他放开喉咙，高声朗读普希金的《致大海》，他父亲听了，点点头，脸上露出了赞扬的微笑，这个愉快幸福的印象留在他的心坎上，直到晚年还没有消失。父亲及时发现了托尔斯泰文学兴趣的幼苗，及时地给予呵护。托尔斯泰自己又不断地回忆这微笑、这呵护，于是兴趣的幼苗越长越大。这个愉快幸福的微笑一直扶植着托尔斯泰心田上那棵参天大树。可以这么说，列夫·托尔斯泰之所以能成为一个享有世界声誉的伟大作家，有他父亲点头微笑的一份功劳。

兴趣是一种喜爱的情绪。一个对金庸武侠小说产生了浓厚兴趣的初中学生，他可以把中考的压力抛至九霄。一个对足球或歌星感兴趣到痴迷程度的少年，其言行可以接近疯狂。学习也是这个道理。如果你对学习的兴趣达到了"书痴"的程度，科学的道路不管如何艰险，你都能满怀信心地攀上顶峰。

兴趣是非智力因素，但它是事业的催化剂、兴奋剂。那么，我们如何来培养自己的兴趣呢？

一是要懂得给兴趣"定向"。学习和读小说、看足球、听歌曲不一样。前者如矿工的采金，后者是消闲求乐。每一个学习者都明白，每门课程中都有一些乏味的章节。但学习是一项环环相扣的工程，不能只拣有趣的学。所以要懂得，兴趣不是天生的，需要后天培养。一连串的数学符号，别人看来枯燥无味，但在陈景润眼里却是乐章，是一个个美的音符。所以说，不要一味地跟着兴趣走，只去做感兴趣的事，而要感兴趣地去做一切应该做的事，把本来不感兴趣的事做出兴趣来。比如当哪一门功课你学不出兴趣或哪一章节你感觉枯燥时，首先不要抱怨老师，讨厌教材，你应该内心自我暗示："这门课或这地方还没有学懂，再努力一下，它一定很有味的！"先给心理感受定个向。就像你喜欢看小品、听相声，不好的你也傻乐，就因为你事先给"乐"定了"向"。

二是要认真。"认真"是兴趣的重要源泉。认真就是要全身心地投入，全身心地投入就会取得一点成绩，取得一点成绩就会使你高兴一点，你高兴了就会增加你的一份自信，增加一份自信就会使你产生一些兴趣。不断认真，兴趣就会不断增加，如此良性循环，积少成多，兴趣就会浓厚起来。

三是要学会制订"小目标"来激励自己。有这样一个实验：甲乙两人比赛割麦子，任务一样，两人各方面条件相同，只是比赛时裁判先给甲隔几米插一小红旗，乙没有，比赛结果甲胜乙败。反过来，"小红旗"乙有甲没有，结果乙胜甲败。这个实验说明，只空喊"我要为祖国学习""我要成才""我要考最好的大学"等口号是没用的。要学会给自己的每个早晨、每个晚上、每节课、每节自习、每个假日制订力所能及的小目标，插上激励兴趣的"小红旗"，完成它，保证你的兴致会大增。

四是要学会调节自己的情绪。既然兴趣是一种情绪状态，那么当你学倦了时，为何不听听你喜爱的歌曲放松一下呢？当你做练习疲劳了的时候，为什么不读点唐诗宋词，感受一番诗歌里的唯美情怀呢？当你看历史提不起神，何不去看看有关的电影，以真实的画面来学习一回呢？

兴趣的魅力是无穷的，但要自己去寻觅；兴趣和爱好是最好的老师，但要自己去聘请。但愿你能拥有兴趣这位老师，让它的魅力永远伴你同行。

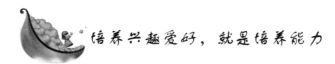

培养兴趣爱好，就是培养能力

世界著名的汽车大王亨利·福特，是美国十大行业富豪之一，1863年7月30日，他生于密歇根州的迪尔本。父亲威廉·福特，母亲玛丽都非常勤奋而又性格刚强。他们尊重和培育了儿子爱鼓捣机械的兴趣，终于使儿子成为汽车大王。

亨利·福特从小精力旺盛，母亲也较早地对他进行启蒙教育。

亨利的记忆力虽好，但就是缺少耐性。母亲抓住他的手，教他写字，可他写不了20分钟就不干了。面对好动的儿子，父亲可没那么多耐性，他的教导方式是拳头和巴掌。

　　为了管住儿子，亨利 7 岁时，父亲便把他送进苏格兰人开垦地的学校学习。在学校里，他的算术成绩一直名列前茅，其他各科的成绩平平，同时他又对各种机械有着强烈的兴趣。

　　那是一个北风呼啸的冬日，亨利跟父亲搭火车到 15 公里外的底特律去。在火车站里，他第一次看到火车头。这个庞然怪物，使他感到惊奇，也使他产生了强烈的兴趣。那位好心的列车长，看他那样着迷，就让他进入火车头，并为他开动了车头，满足了亨利的好奇心。他怀着激动的心情，坐在驾驶台上，把汽笛按得哇哇响。

　　他回到家里，兴奋得整夜没有睡着。第二天一早，他瞒着母亲，从厨房里偷来两个水壶，一个壶里放满烧得火红的煤炭，一个壶里装上烧开的水，然后从贮藏室里取来雪橇，把两个水壶放到雪橇上。他一边在地上滑动着雪橇，一边叫着："喂，火车头来了，火车头来了！"他沉浸在欢乐之中，为自己的创作而自豪。

　　亨利在自己的房间里，藏有 7 种"秘密武器"：钻孔机、锉刀、铁锤、铆钉、锯、螺栓和螺丝帽。

　　亨利对一切机械都充满了好奇心，他不但研究火车头，还研究手表，想把全天下所有的手表都打开看看。这个"疯狂的破坏者"，引起家里人百般警惕，只要一看见亨利回家，便立刻慌忙地把所有的表全部"坚壁清野"，否则那些装饰华丽昂贵的怀表，顷刻便会"五马分尸"。

　　亨利家中饲养了牛、马、鸡、猪、羊、火鸡等各种动物，开始，父亲经常强制他照看这些家禽家畜。而他的全部兴趣都在钟表上。父亲曾责备他，但父亲也看到，儿子有强烈的求知欲，有孜孜不倦的探求奥秘的精神，还有一份天赋的悟性。这才是一般儿童所难能具有的。他支持儿子，还特意把一块珍贵的"凯撒表"送给儿子。

　　亨利 13 岁那年，和父亲搭乘马车一同去邻村。突然，他眼前出现了一个庞然大物，发出巨大的吼声，并喷了亨利一脸蒸气。这是一辆无轨蒸汽机车，它的铁制的前轮很大，像战车一样的履带上，绕着粗铁链。前轮上方有个大汽锅，汽锅上横着水槽，上面还有顶棚。后轮比亨利还高，后面还拖着满载着石灰的拖车。亨利对这辆无轨蒸汽机车立刻产生了浓厚的兴趣，他又专心致志地研究起来。

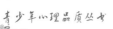

一天，亨利突然从家中出走了。这一年，他刚满16岁。

美国人崇拜白手起家、奋斗不止的人。亨利要赤手空拳去创业。

他独自来到底特律城，到密西根车厂当了一名见习生，日薪1元1角。但在他上班的第六天，就被开除了。不是因为他偷懒和打架，而是因为他不费吹灰之力就修好了那些老资格的工人无法修理的机器，这使那些老资格工人非常恼火。

美国人也懂得什么叫嫉妒。

父亲听说儿子被辞退，火速赶到底特律，将儿子介绍到朋友开的一家黄铜工厂。可是他干了6个月，又主动辞职了。因为在这里已经再也学不到什么新东西了。

亨利第三次是在底特律的一家船舶修理厂工作。这里的工资每周只有2美元，而房租和伙食费每月就要3元5角，但可以学到技术，亨利还是决定留下来。为此，他不得不节衣缩食，并且到处打工。

在造船厂工作中，亨利对蒸汽内燃机又产生了极大的兴趣。两年后，亨利把该学到的技术都学到了，再没有什么新鲜东西可学了，他又辞去了造船厂的工作。

迪尔本制材厂的约翰，买了一台很贵重的蒸汽引擎，但无法启动。这是一台西屋公司出产的移动式蒸汽引擎，它和亨利早年所见的汽车一般大小，在4个车轮上安着圆筒形的汽锅，上面还有烟囱。

"亨利，你会弄吧?"约翰说明了来意，用期待的目光望着亨利问道。

望着那庞然大物，一向恃才傲物的亨利也失去了信心，但强烈的自尊心、一往无前的精神不容许他退缩，他决心试一下。

他怀着忐忑不安的心情，认真地看着说明，并试着发动，竟然意外地启动了。

约翰提出日薪3美元，请亨利来帮忙。这在迪尔本是很高的待遇了，同时这项工作又很有趣，亨利欣然同意。

3个月后，亨利又辞去了制材厂的工作。这一次不是因为工薪低，而是底特律的工业环境在吸引着他，他要创造自己的业绩，他不会为了高薪而长久地看守着一台机器。他去了西屋公司，担任移动式引擎的示范操作员。

在这里，亨利学到了许多蒸汽引擎的知识，终于在 1896 年试制了第一辆内燃引擎四冲程四汽缸式的福特汽车。3 年之后，亨利成立了自己的公司。

1903 年，他创立了福特汽车公司。

1906 年，他自己设计制造的 H 型车投产。1908 年 T 型轿车开始生产，并获得巨大的成功。后来，福特汽车不仅占领了欧美市场，也推向了全世界。亨利·福特逐步走进了汽车老板的行列，成为美国著名的汽车大王。

可见，培养我们的兴趣与爱好，实际上就是培养自己的能力，当我们的兴趣与爱好越来越浓厚的时候，我们的能力也会得到相应的提高，这对我们日后的成功无疑是一种很好的帮助。

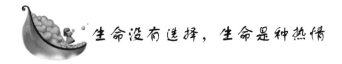

生命没有选择，生命是种热情

生命没有热情，就会变得沉寂、枯黄、无趣、自私、短暂。

只有拥有了万分热情的生命，才能在毫无选择的环境里积极进取、努力奋斗、热情向上；才能完成生命的全部过程，展现生命的积极意义；才能使生命获得自由和新生；才能使生命辉煌得以延续……封闭和过度保护自己都不是解决问题的办法，一个人失去了生命的热情便失去了生命的意义。

热情是世界上最有价值的一种感情，也是最有感染力的一种情绪。生活中常常有这样的情况，当你充满了热情，你会感觉到周边的人们也容易变得充满热情，你会吸引更多的人向你靠近。这时候即使你做事不够完美，别人也可以理解甚至忽略。如果没有热情，人会觉得疲倦，会觉得无所事事，整个人就像蔫了的茄子，毫无生气和新鲜感。所以充满热情是做好一切事情的前提，正如地产大亨纳得·特朗普所说，别浪费时间在你不喜欢的事情上，唯有热情才能使你更上一层楼。

人生没有了热情，生活就少了很多绚丽的色彩，生命也就没有了传奇，没有了光彩，没有了最动人的乐章，更难以想象会有辉煌。尤其是年轻人，一定要对生命、对生活充满热情，让热情畅想着青春，让热情激荡着未来。无论是成功与失败，也无论是精彩与暗淡。当我们年老的时候，总有那美好的一刻可以回味。

人可以平凡，但不能没有对生活的热爱，更不能没有激情和梦想，因为有了这些，我们才可以活出最精彩的自己。常会听到有人抱怨，为什么生活是这样的无聊、空虚。可是，如果多一份热情，就有了一份对生活的热爱，就不会再有空虚、无聊。拥有了一份对生活的热爱和一份从容淡定的心境，就是拥有了一笔莫大的财富，即使在茫茫人海，心境一样可以穿越浮华。即使没有上天赐予的美貌，但光彩一样可以照耀人生！

这世上，没有人可以拯救你，能够拯救我们的只能是我们自己。当我们有了热情，有了对生活的热爱，有了一份穿越浮华的心境，人生也将从此变得与众不同。

希尔顿酒店的老板希尔顿先生每到一处他的酒店，所作的演讲主题总是同一个，那就是：今天，你微笑了吗？他对每个员工说："不管你在家里遇到了什么，昨天遇到了什么，只要你一踏进希尔顿酒店的大门，请记住，你的微笑就永远属于顾客。"

没有人愿意跟一个整天都提不起精神的人打交道，没有哪一个领导愿意提升一个毫无热情的下属。一事无成的人，往往表现的是前3分钟的热情，而真正的成功者，往往属于最后3分钟还充满热情的人。

成功是因为你对你所做的事情充满持续的热情。

无论是工作还是生活，无论做什么事情，人都要有热情，都要全身心地投入进去，才能做出令自己满意的成绩来，才能对未来充满信心。若是没有热情，你很难去感染别人，更没有办法让自己完全地投入，那么结果也就很难完美。热情，就是对某一事物所产生的、发自内心的兴趣，是一种快乐的情绪；投入，是完成一个事情的付出和努力，是一种责任。有了热情才能投入，就有了获得成功的基础。在现实生活中更是如此，学习、工作，甚至是游戏和运动

180

等，都需热情和投入，你才能取得成绩，才能获得真正的快乐。

我们常说时光匆匆，人生何其短暂，假如每天对什么事都没热情，对什么都不够投入，那么，我们的一生将会一事无成，生命将会在荒废中匆匆走过。人生百年之后，你不会给这世界留下任何痕迹，好似大梦一场，很快你将被彻底遗忘。活着，不是人生存在的目的，更重要的是怎样活着，是不是会成为一个对社会、对人类都有意义，能够被他人肯定的、高度评价的人。如果每个人只是为了活着而活着，那么，人类怎能发展到今天？岂不是要停在原地不动了？热情是激发人奋发向前的动力，对生命、对生活的热情是驱动这个社会向前的引擎，我们每个人的热情都是其中的一部分。

一天，有个母亲在厨房洗碗，她听到儿子在后院蹦蹦跳跳玩耍的声音，便对他喊道："你在干嘛？"儿子回答："我要跳到月球上！"母亲没有笑他，没有否定他，也没有泼冷水，更没有骂他"小孩子不要胡说"或"赶快进来洗干净"之类的话。这个母亲只是说："好啊，只是不要忘记回来喔！"

多年以后……这个小孩成了第一位登陆月球的人，他就是阿姆斯特朗。

每个人都有自己喜欢的、比较热心的事情，就是一种热情，一种对人的热情、对事情的热情、对学习的热情，还有对生命的热情。人的热情如果被浇熄了，真是很可惜的事。

不要向别人的热情泼冷水，也不要跟爱泼冷水的人在一起，因为热情是很珍贵的，拥有热忱，可以让你作出很多原本可能做不到的事，创造生命的奇迹。

热情会让你充满自信，把额外工作视为机遇，能把陌生人变成朋友，能够真诚地宽容别人，热爱自己胜任的工作。不管你做什么事情，处于什么位置，不管有多少权力和报酬，有了热情你就会活得很充实，充分发挥自己，完全展示自己。

你以饱满的热情投入生活，那么生活就会赋予你阳光雨露，你会在愉悦的环境下收获累累硕果；如果你以消极的态度对待生活，那么你将一直在阴霾的天空下挣扎，潮湿的心永远得不到晾晒，甚至会霉变、畸形。

181

每个人都应该用心去生活，充满热情地去生活，不管现在的状况怎么样，也不管将来会遇到什么，积极地面对每天的挑战，就把它当作上天对自己的考验。要相信：风雨过后就会有彩虹！很多时候，你会发现其实幸福就在我们身边。如果只是一味地消极，就算幸福在你眼前你也不会看到。很多时候，快乐真的要自己去找寻。如果一个人没有振作的勇气，没有生活的热情，那么其他都是空谈。生活很美好，要对每天都充满期待，充满激情，真正地去热爱生命，你才会有一个不后悔的人生。

对生活充满热情的人，拒绝抱怨。如果整天只是在抱怨，就像得了慢性病，只会让自己在消极中越沉越深。若天热，说天太热，若天冷，又说天太冷，反正没有一天是好天气。即使一切顺利，没热情的人也抱怨个没完。

在生活中，给自己出一个难题吧，这会使你充满热情。一个作家在一本书中这样写道：生活从自身的逻辑出发，要求人产生增强生活的勇气，战胜你的挫折与困难的勇气，勇气减轻了命运的打击。的确，在生活中，哪怕完成一个简单的新动作，或一项简单的事，你都会感到，热情把我们自己掩埋了，生活永远感激热情。

留心一下，你会发现很多时候我们都在抱怨，抱怨单调无趣的生活，抱怨这一成不变的节奏。很多时候我们又有所不甘，曾经以为的辉煌居然是如水的平淡。于是，消沉慢慢地在我们的头脑中蔓延。很多事情变得不再有意义，对什么都没有兴趣，对生活更是没有热情，也许这就是我们所谓的无奈吧。

其实生活并非我们所想的那般枯燥乏味。如果我们把自己的全部热情都注入生活中去，那么生活就一如我们曾经有过激情时那般富有灵性，你会发现一个不一样的自己。生活需要热情，其实，并非在快乐的时候我们去同情不幸，并非在成功时我们才懂得帮助弱者。对待生活，就该时时刻刻充满热情。这样的你才会少几分无奈，多几分精彩。

很多事之所以在还没有开始之前就已结束，并不是因为它真的那么难，最主要的原因是我们没有心思去做。有些时候，明明事情刚开始进行得还不错，一到中途却突然停顿了下来，也不是真的碰到了什么瓶颈，而是因为我们不能坚持到底。

我们还有没有热情？假如我们切开身上的动脉，流出来的血还是不是又浓又热？

太多的失望和无奈压迫着我们，我们总是妥协、再妥协，向不完善的制度妥协，向不美满的婚姻妥协，向流行的庸俗标准妥协，向名利妥协，向贫穷妥协，向虚伪妥协。太多的妥协使人们心力交瘁，多少生气勃勃的少年，长大后却是一副了无生气的面容，热情早已被消耗殆尽。一个女作家曾说："成年后的我总觉得自己像一只乌龟，每次探头都得小心翼翼。"

每个人都会遭遇生命的低潮，人在低潮中很容易感到心力交瘁，这时候有些人会彻底沮丧，但还有些人会逆流而上，这种情况反而会激发他们心中的斗志。悲观懦弱的人属于前者，他们总是会说："这事我一定难以胜任，别人不知道会拿何种眼光来嘲笑我的失败？"这样，在什么还没做时，已将自己的失败以及被人嘲笑的后果进行不必要的想象，结果不仅不敢挑战所有事物，也拿不定主意，当然更不能坚强地面对逆境。

没有了热情，我们的生活味同嚼蜡。如果你能保有一颗热诚的心，保持对生活的热情，那会是一种强大的力量，会让你完成很多看似不可能的事情。但是，如果每当你想要进行某件事情时，不是直觉地认为太难了，就是抱持着事不关己的态度，这样恐怕所有在心中筹划已久的计划终将成为永远的幻想，没有实现的一天。

不管何时何地，你都要保持高度热诚，对生活、对生命充满热情，最好现在就开始。如果能将它转化为生活态度，你会发现自己的生活观念比以前更为积极，活得更加快乐。"热诚"的英文字源来自于希腊文，意思是"上帝与我常在"。请你务必时时以热诚来面对生活中所有的事，让别人能够看得到你发自内心的美。

热情是心中的一支火炬，当它熄灭了，我们便不再相信真、善、美和奇迹，我们便陷入万劫不复的黑暗境地。艺术落入俗套，文学咬文嚼字，而我们的面孔也因麻木而失去光彩。重新燃起我们的热情吧，拿出重新人世的精神，向着麻木和虚伪，向自己的惰性作斗争。重新塑造一个全新的自我，这绝对是目前我们要做的。

美国前总统老布什先生，在自己85岁生日的时候，用高空跳伞的方式来庆祝，并说："有信心以此方式再度庆祝自己的90岁生日。"

85岁高龄，对于很多人来说，恐怕只是意味着余生，浑浑噩噩地饱食终日，静候大限的来临。如果真是这样，人的精神就会委靡不振，健康每况愈下，更不要奢望延年益寿了。究其原因，是对生活没有了热情，没有了信心。正如人们所说的，只有想不到的，没有做不到的，只要你有足够的热情。也如布什先生所说："你不想整日地坐在角落里流口水"，就用这种方式释放你的畏老情绪，也不失为一个不错的方法。

其实，只要你保持生活的热情，做一些力所能及的事情，精神就不会空泛，从而感到生活仍很有意义。

每个人的生活需要热情，而不在于得失。过于追求完美的人，总是会经常自责，责备自己的贪婪与欲望，责备自己对生活过高的追求，不住地提醒自己要克制欲望，控制自己的完美追求。其实，生活就是几分平淡，生活就是由很多的不完美组成的，不用苛求自己，只是要对未知拥有热情。

有激情的生命才是真正的生命

生命需要激情，有激情的生命才是真正的生命。所谓"生命不息，战斗不止"。约翰·克利斯朵夫这样说过，"上当受骗并不可怕，挫折失败也不可怕，被人误解也不可怕，可怕的是失去了斗争的勇气，从而根本上失去了实现生命价值的机会。"你能想象没有激情的世界吗？你能想象一个没有激情的生命吗？没有了激情，世界只能是一潭死水寂寥无声；没有了激情，生命只能是行尸走肉、木讷前行。如果生命没有激情，人生还会有什么意义？没有激情的人生一定是没有理想、没有目标的人生。

激情是一种生命的力量，激情更是一种生活的动力。有了激情才有奋斗不息的干劲和追求不止的热情。工作需要激情，有了工作热情才能豪情满怀地投入工作当中，才能把工作做好；恋爱需要激情，没有激情就无法恋爱。只有面对你喜欢的人才能产生激情，才能产生恋爱的冲动，有了冲动才能产生感情的浪花；写作需要激情，只有当你身处在波澜壮阔汹涌澎湃的生活中时，看到了错综复杂的人生场面，才能触发你的感情，激发你的创作热情，才能写出感人的作品。

不要让岁月打磨掉你的激情，不要让迷雾遮住你的眼睛，生命属于每个人只有一次，每个人都希望自己短暂的生命风光发亮。把握生命的每一分钟，将对工作的敬业之情、同事的手足之情、父母的感恩之情、爱人的宽容之情、朋友的真诚之情、子女的呵护培育之情融入我们的生命中，学会在平淡的生活中寻找快乐，做个快乐的我，让自己成为别人的一道风景。

拥有激情的生命，才会拥有一个彩色的人生，只有激情的生命，才会营造一个绚丽的天空！留住一份激情，让生活灿烂！留住一份激情，让生命丰盈！

霍金的名字享誉整个世界，他是一个大脑，一个神话；一个当代最杰出的理论物理学家，一个科学名义下的巨人……或许，他只是一个坐着轮椅、挑战命运的勇士。

一次，霍金坐轮椅回柏林公寓，过马路时被小汽车撞倒，左臂骨折，头被划破，缝了 13 针，大约 48 小时后，他又回到了办公室投入工作。

虽然身体的残疾日益严重，霍金却力图像普通人一样生活，完成自己所能做的任何事情。他甚至是活泼好动的——这听起来有点儿好笑，在他已经完全无法移动之后，他仍然坚持用唯一可以活动的手指驱动着轮椅在前往办公室的路上"横冲直撞"；当他与查尔斯王子会晤时，旋转自己的轮椅来炫耀，结果轧到了查尔斯王子的脚趾头。当然，霍金也尝到过"自由"行动的恶果，这位量子引力的大师级人物，多次在微弱的地球引力下，跃入轮椅，幸运的是，每一次他都顽强地重新"站"起来。

在他的身上，我们看到了生命的热情，看到了这种热情异常强大的力量。

也许你的处境现在很艰难，也许你现在正遭受着莫大的挫折，但你要相信自己绝对有能力扭转境况，所有的美梦必有成真的一天。然而如何才能很好地实现呢？答案是——凡事都饱含激情地去做，用最大的热情去与命运搏击，拿出你蕴藏于身的能力来，这股力量可以立即改变你的人生。

投入你所有的热情，事情就变得容易。当你认真地想做，一切都变得可能。生活中的障碍就像田径赛的栏杆，等着被征服。外来的干扰你完全可以把它当做考验自己和让自己与众不同的机会，这样干扰就变成了激励你前进的机会。

没有热情，没有投入，人和事都会对你产生威胁，事事让你感到棘手、头痛，精力和热情也就跟着低落了。千万不要陷入这样的恶性循环，不然什么事都做不成，也就什么事都不想做了。

投入的热情越多，事情的可行性就变得愈大，信心也就会跟着变大。同样一件事，在饱含激情人的眼里和没有热情人的眼里是完全的两件事，巅峰者看到的是机会，非巅峰者看到的是障碍。全力以赴的人看到的是事情的积极面和其可为之处，不投入者看到的始终是难以克服的困难。信心没了，事情就没法做了，机会就是这样一次次地失去了，最后甚至连能力之内的事也不敢去尝试了。这样下来就是很大的差距。其实，困难本身并不可怕，很多时候我们自己夸大的困难本身，真正可怕的是我们只看到了困难的可怕并却步不前。

热情和激情就像汽油，是发动汽车引擎必需的，而热情是行动的动力，是成功的引擎，有了热情，就有了成功的开始。

对生活的热情也是一种勇气和执著，因为不是每个人对你所做的事都是肯定的，可能会有许多异样的甚至是鄙视不屑的眼光，这时候你要做的只是视而不见，有时候勇敢地去做自己的事确实是需要很大勇气的。

对生活充满热情，你会发现你会得到很多，它会增加你思考和想象的程度，使你获得令人愉快和具有说服力的说话语气，使你所做的事充满魔力，不再枯燥，让你的个性变得更有魅力，自信永随；有了热情你会更容易克服身心疲劳，时时使别人感染到你的热忱。

培养、展现和分享热情，是成功背后原则的完美表现。在你生活的这个世界里，你付出的热情愈多，你就得到的愈多，只是过程中你需要一点承受。

热情是我们获得成功最重要的秉性和财富之一。无论你是 3 岁或 30 岁，6 岁或 60 岁，9 岁还是 90 岁，热情在，青春就在。也就是说，任何年龄的人只要具有自我完善的强烈愿望，就可以找到永不衰老的源泉。不管你是否意识到，其实，每个人都具备着火热的激情，这种热情深埋在人的心灵之中，随时等待着被开发利用。

正如树立信心和寻找机遇那样，热情全靠自己来创造。如果缺少了自身的努力，任何人都无法使你满腔热忱地投入行动。也就是说，如果只是等待他人去点燃你的热情火焰，你将很难达到你所渴望达到的理想目标。

热情是一种思想，一种动能，是能够转化为行动的，它像螺旋桨一样驱使你达到成功的彼岸，但首先你要有一个决心要达到的目标。热情还意味着对自己充满信心，能望见遥远之巅的胜利景色。你能集中自己的全部精力，勇气百倍；你也能够自律自制；你运用自己的想象力，修身养性，日臻完善。在你渴望悔过时能迅速回到现实中来，那么你就能获得成功了。

有了热情，我们就不会再感到迷惑、失望、惧怕、颓废、担忧和猜疑了。这些消极情绪只能使你未老先衰。相反，热情会为你带来年轻和成功。美国哲学家、散文家及诗人爱默生说过："没有热情，任何伟大的业绩都不可能成功。"由此可见，伟大的业绩总是产生于热情的追求和坚持不懈的努力。用对世界的冷漠来表示自己的脱俗或深刻，只能证明的自身的脆弱和肤浅。

一个自己对生活充满热情，而且能够唤起别人生活热情的人，是特别值得敬重的，是特别受到别人欢迎的。

成功学家卡耐基的办公室和家里都挂着一块牌匾，麦克阿瑟将军在南太平洋指挥盟军的时候，办公室里也挂着一块牌匾，他们两人的牌匾上写着同样的座右铭：

"你有信仰就年轻，疑惑就年老；你自信就年轻，畏惧就年老；你有希望就年轻，绝望就年老；岁月使你皮肤起皱，但是失去快乐

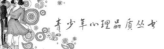
和热情就损伤了灵魂。"

这是对热情最好的赞词了。热情，绝不是一个空洞的词，它必定会给我们带来巨大的力量。其实，热情是一种心态。这种心态不仅可以补充我们精力的不足，而且可以发展我们坚强的个性，甚至还可以培养我们必胜的信心。

只要我们努力去做一个热情积极的人，那么我们做任何事情都必将有所收获。做一个热情积极的人，迈向你向往的成功！

美国最伟大的总统罗斯福，身残志坚，充满着对生命的热爱和对生活的热情，他用心对待每一件事、每一个人，深受美国人民的爱戴。就连他的仆人安德列的妻子一个小小的愿望，他都放在心上，尽量想办法来满足她。有一天，安德列的妻子问罗斯福总统野鸭是什么样子，因为她一生没有离开过华盛顿，没有机会到野外看野鸭。罗斯福总统耐心地向她描述野鸭的模样和习性。第二天，安德列屋子里的电话响了，电话那头传来罗斯福总统的声音，那声音告诉安德列的妻子，他们楼下院子里的草地上有一只野鸭。安德列的妻子不仅看到了野鸭，更看见了对面窗户里罗斯福总统微笑的脸庞。跟这样一位充满热情和关怀的人在一起，怎能不让人感动呢。

所以说，冷漠的人不会有成功的人生，因为他的冷漠不仅营造不了成功的环境，反而禁锢了自己的心灵，也就禁锢了一双飞翔的翅膀。

诗人普希金在《假如生活欺骗了你》中写道："假如生活欺骗了你，不要悲伤，不要心急！忧郁的日子里需要镇静；相信吧，快乐的日子将会来临。心儿永远向往着未来；现在却常是忧郁。一切都是瞬息，一切都将会过去；而那过去了的，就会成为亲切的怀恋。"

让我们与诗人的情怀共勉，用热情为生活插上飞翔的翅膀。

保持对生活的热情，就能感受生活乐趣。活着就是幸福，你可以悉心地发现生活的所有乐趣。睡得香甜是乐趣，辛苦过后的酣睡，那滋味美，让每一根末梢神经都舒展放松；回归故里的路上，就要和父老乡亲及家人见面，共进晚餐，哪怕是野菜树根，团聚就是乐趣；那山、那水、那风景，尽收眼底，心胸广博，容天容地，全是乐趣！

　　保持对生活的热情，就会树立生活信心。面对贫困、疾病、失业、失恋、失宠、丢官、破产，一无所有，面对无数次失败、无数次打击，都不能够丢失对生活的热情。因为你还有生命，有生命就有未来，有生命就能东山再起。只要生命在，就有会奇迹出现……

　　保持对生活的热情，就会拥有生活追求。生活是立体的，追求不到立方，可以追求平方；生活是张经纬网络，不能经纬运用，可以网眼目张；生活无尽宽广，幸福无尽受用，切下你能够得到的那一块蛋糕，安心享用。这里的关键是对点、线、面的热情，才能激起对平方和立方的追求；只有爱护经线和纬线，对生活网络充满爱，才会找到自己在网络中的位置。保持热情，在平常生活中发现恋人的可爱之处；在充满爱的生活中燃烧热情，提升爱的质量，你就会得到爱情与幸福。

　　保持对生活的热情，就会明确生活的意义。热情，朝气，生机勃勃，不断地探索，勇敢地前进，实现自己的奋斗目标，你就彰显了自己的社会价值和个人价值。没有热情就没有目标，没有热情就没有追求，生命的意义也就不存在了。

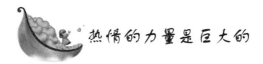

热情的力量是巨大的

　　卡耐基说过："人有热情就年轻，人有信念就充满力量。"真的是这样，很多时候人的情绪变化最终来源于自己的内心。环境是外力因素，不能直接去改变你的心情，但是心态却是内力，可以随时让你感受低谷与高峰，生活的过程实际就是历练的过程，现实生活中经历的打击、挫折、收获与幸福最终会在心中产生一种记载的符号，这些符号决定你的心态和人生。

　　热情能让你有一种胸襟、一种魄力，这是你保持好心态的必需。每个人都会经历一个生活的过程，有的人狭隘到生存在人生的夹缝中，有的人从夹缝中过渡到宽广。生活的问题实际就是一个标准的问题，你给自己定义在什么标准，那么你将享受一种什么样的生活，你对生活充满了热情，生活也会给你更多的回报。

到底什么是幸福？到底什么样的人能得到幸福？不同的人有不同的答案。有的人有馒头吃就很幸福，有的人有肉吃却感觉很不幸，但是当有一天两个人同时进入坟墓，后悔的应该是吃肉而不幸福的人。关键看你把自己的价值定义在什么位置，如果你定义的位置不是自己，而是他人或者是社会，那你很容易满足；但是如果你定义为自己，那你的幸福就遥遥无期。

所以最终人的快乐决定于心态，当你的情绪不再被环境控制的时候，当你真正以个体出现的时候，你独立了，你的快乐资源可以由你自己来创造，所以不要去可怜那些看上去可怜的人，而是去引导和激发，这才是真正有帮助的。

一位哲学大师曾经说过："生命本身是一张空白的画布，随便你在上面怎么画；你可以将痛苦画上去，也可以将完美的幸福画上去。"

其实，痛苦并非必然的结果，幸福亦非遥不可及，全看你用什么态度去涂画自己的生活和工作。

工作占据了我们生命的大部分时间，不要把工作视为生活之外的烦人事项，而是要把工作融入我们的生活，融入我们的心中，那么，我们自然而然就会心甘情愿地付出，也才会用最热情的心去感受这个生活的必需。

美国有线电视新闻网著名的脱口秀主持人拉里·金，出生于纽约的布鲁克林区，10岁时父亲因心脏病去世，从此靠着公众救济，金长大成人。从小便向往广播生涯的他，从学校毕业后先是到迈阿密一家电台当管理员，经过一番努力才坐上主播台。

他曾经写了一本有关沟通秘诀的书，书名叫《如何随时随地和别人聊天》。书里提到他第一次担任电台主播时的经历，他说，那天如果有人碰巧听到他主持节目时，一定会认为："这个节目完蛋了。"

那天是星期一，上午8：30分他走进了电台，心情紧张得不得了，于是不断地喝咖啡和开水来润嗓子。上节目前，老板特地前来为他加油打气，还为他取了个艺名："叫拉里·金好了，既好念又好记。"

从那一天开始，他得到了一个新的工作、新的节目与新的名字。

节目开始时，他先播放了一段音乐，就在音乐播完、准备开口说话时，他的喉咙却像是被人割断似的，居然一点儿声音也发不出来。

结果，他连播了三段音乐，之后仍然一句话也说不出来，这时，他才沮丧地发现："原来，我还不具备做专业主播的能力，或许我根本就没胆量主持节目。"这时，老板突然走了进来，对着满脸丧气的拉里·金说："你要记得，这是个沟通的事业！"

听到老板这么提醒，他再次努力地靠近麦克风，并尽全力地开始他的第一次广播："早安！这是我第一天上电台，我一直希望能上电台……我已经练习了一个星期……15分钟前他们给了我一个新的名字，刚刚我已经播放了主题音乐……但是，现在的我却口干舌燥，非常紧张。"

拉里·金结结巴巴地一长串说了出来，只见老板不断地开门提示他："这是项沟通的事业啊！"

终于能开口说话的他，似乎信心也唤回来了，这天，他终于实现了梦想，也成功地完成了梦想。

那就是他广播生涯的开始，从此以后，他不再紧张了，因为第一次广播经验告诉他，只要能说出心里的话，人们就会感到你的真诚。

身为著名主播，拉里·金的经验是"谈话时必须注入感情，表现你的热情，让人们能够真正地分享你的真实感受"。

对拉里·金来说，广播不只是一项沟通的事业，更是充实他精彩人生的第一要素，所以他在书中一直告诉我们，"投入你的感情，表现你对生活的热情，然后你就会得到你想要的回报"。

这不仅是拉里·金在奋斗的道路上所体悟出来的成功秘诀，也是每个希望成功经营自己的有心人最为有用的成功指引。

现在，很多年轻人会把"郁闷"这个词挂在嘴边，好像每天都在"郁闷"。当然，生命中并不总是波澜壮阔的篇章，大多数的日子是平淡无奇的，很容易会让精力充沛的年轻人觉得乏味压抑。其实想要改变很容易，只要拿出我们的热情来面对生活，你会看到不一样的。

热情的力量是巨大的，当这股力量被释放出来的时候，它就会形成一股不可抗拒的力量，并足以克服一切困难。

有位贤者曾经说过："没有令人厌烦的生活，只有觉得厌烦的人。"这句话也许有点儿夸张，但事实上，人生是开创出来的。你的学习、工作、生活都有如一团湿黏土，等着你去塑造。如何处理与使用这团黏土，决定权在你手中。

热情是自信的创造者，是生理和成功的必要工具。热情可以让每一个人都爱自己的事业，爱自己的工作，甚至爱一起工作的伙伴们。

热情还是一种兴奋剂，在每天清晨醒来，可以使你充满了希望，心里有了温暖，而且眼睛也炯炯有神了。

有了热情，失败的人能再次成功，悲观的人能变得乐观向上，懒惰的人会变得勤奋。如果我们具备生活的热情，并有正确的追求，就会有无穷的精力源源而来，让我们乘风破浪驶向成功；充沛的活力还会带领我们到达原以为不可能到达目的地。葛拉姆形容这股力量为"创造天地的活力"。热情可以说是一切伟大事物的"燃料"。

当今美国最成功的商界女强人之一玫琳凯，在1963年创办了自己的玫琳凯化妆品公司，当时仅有她和她的儿子两个人。发展到现在，公司共拥有375000个美容顾问，年零售额约为20亿美元。这一切都是在玫琳凯的热情下努力创造的。如今"玫琳凯热情"已经成为一个代名词，成为它的行销人员的一种精神面貌，成为她独特行销方式的一个重要组成部分了。这为她的成功蒙上了一层神秘面纱，但玫琳凯却道破了这个秘密：

"有人说我是天生的营销人员，其实是我特别热爱行销工作，我早年成功的主要原因是我热爱行销工作。我认为，同我在一起的行销人员比我要有才能，我的行销额却比他们多，这是因为我比他们具有更多的热情。热情的力量是巨大的，当一群人都处在沉闷的气氛中，只需要一个热情的人加入，立刻就能使每个人笑逐颜开，并且让大家能唱起歌，跳起舞，就如神助一般。因此，热情可以使你

为自己准备明天的早餐

结交很多朋友，也可以让陌生人对你微笑。"

　　一个热情的人，不管在哪里，都会在人群中散发出暖意，融化一切偏见和敌意，使交往对象敞开心扉，也使生活张开双臂迎接他。

　　用你的热情来拥抱生命吧，生命也一定会给你一个甜蜜的回报。

　　生命没有热情，就像没有靶子的射击，子弹发出都没有气力；生命没有热情，就像被隔离阳光的向日葵，无方向地生长，犹豫而低落；生命没有热情，就像断了桅杆的帆船，风吹不动，只等浪打船沉。热情是动力的始发站，没有热情的人将一事无成。

第七章　培养兴趣，投资明天

193

第八章　抓住机遇，开创明天

　　在等待机会的同时，你应该做好各种准备，也让自己保持在最好的状态，以便机会出现时，可以抓住。只有准备好的人，才更容易得到机会的青睐，这是一条亘古不变的真理。

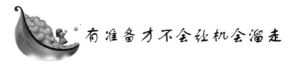

有准备才不会让机会溜走

机会不会两次敲你的门，也就是说同样的机会只会出现一次。

有一个人向一位大师请教人生真谛，大师将他带到一个果林边，对他说："你穿过果林，摘一枚你认为最大最好的果子，不能走回头路，并且只能选择一次。"

那个人出发了，在果林里开始选择起来。

等他出了果林，大师已经在等着他。见他出来后问："你摘到你认为最好的果子了吗？"

"大师，可以让我再摘一次吗？"那个人央求道："我在刚进去时，发现了一个又大又好的果子，但是我想前边应该还有更好的，走到中间时，我又发现了一个还可以的果子，但不如第一次看见的好，我心想再看看吧，结果走到林子尽头，我也没发现更好的。"

大师摇摇头说："这就是人生，没有第二次选择。"

机会也是一样。当一个机会出现时，你还没有做好准备，如果你认为机会在等着你，那就错了，它会稍纵即逝，这就是机会之所以珍贵且难以把握的原因。

爱因斯坦曾说过："机会只偏爱有准备的头脑。"

人会选择机会，机会同样也会选择人，它只同积累了优势的人交友，只与做好了准备的人握手。准备主要包含两方面的内容，即知识技能的积累和思维方式的准备。

没有广博的知识和精通的技能，就算机会放在眼前，也只能眼睁睁地看它从眼前溜走。大多数人过着平凡的生活，不是他们没有被机会青睐，而是他们对于自己所下的资本太轻，比如教育、才能、智力、体力等各方面。人生就像一个银行，你要想取出钱来，你就首先得存进钱去。只有不断地储藏和准备，一点点地积累，你才能在需要的时候不至于感叹自己当时没有多存一些。

机会和努力是成功的两个因素，机会是外因，而努力是内因。

为自己准备明天的早餐

如果想要有很大的成就，这两个因素缺一不可；如果只想有点小小的成就，追求平稳，那也许通过努力就能够实现。外因必须通过内因才能起作用，但是并不是所有的内因都能满足外因的需求，只有真正能满足外因要求的内因才能通过外因起到作用。那么支持机会的内因是什么？就是通过不断地努力学习并逐步提高而形成的自身积累，也就是我们常说的"底子"。当你的"底子"比周围其他人的都要深厚的时候，一旦机会降临，你就会比周围其他人更容易抓住这个机会。能否真正地抓住机会，关键就在于你的积累是不是真正深厚。

积累不是一朝一夕就能完成的，而是一个长期的艰巨的过程。正常的积累是一生都在进行的，生命不止，积累不止。应当说机会是可遇而不可求的，是自己无法控制的；努力是自己能够做到的，并且是自己能够控制的。所以要不断地努力，打好基础。这样一旦机会来临的时候，只要你伸伸手，一切都会因此而改变。

比如，你的梦想是当一名足球解说员，那你平常就要积累这方面的知识，了解球队、球员、教练等和足球有关的一切事物，这是知识方面的。光有了知识还不够，你还要会说，有应变的能力，这就是技能，有了这些积累，你需要的只是机会，一旦机会来临，你就随时可以实现自己的梦想。如果你没有平时的积累，当机会来到时，你张开口却不知从何说起，就只能与机会和梦想失之交臂。

有了知识技能，并不是说你就一定能得到机会，你还需要用现代的思维方式去发现机会，因为机会需要你有准确的判断力、对未来的真知灼见，以及当机会光临时你不假思索抓紧它的气魄。

在现实中，抓住机会成功的人不是很多，但终身没有遇到机会的人，不敢说没有，但一定很少。等待机会就如同在等待天上掉馅饼一样，在以前，它可能是不存在的，但在信息高度发达的当今社会，却经常能发生，就看在掉馅饼的时候，你是那个能得到的有心人，还是可能被砸昏的匆匆路人。

因此，在等待机会的同时，你应该做好各种准备，也让自己保持在最好的状态，以便机会出现时，可以抓住。只有准备好的人，才更容易得到机会的青睐，这是一条亘古不变的真理。

第八章 抓住机遇，开创明天

197

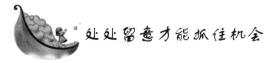

处处留意才能抓住机会

很多人都抱怨自己没有机会，或者没有好的机会降临到自己头上。对于机会，大部分人都认为就像"守株待兔"里的兔子一样，撞在眼前的、又让自己捡到的那才叫机会。如果这样的兔子有很多，只是你没去捡，那它就不是机会了吗？

当然还是机会，只是你没去在意、留心。你只注意了树的这一边，却不去看一眼树的另一边。机会就这么被别人抓住、利用了，而你还在抱怨为什么没有兔子呢？

电视里的一则新闻、报纸上的一条信息，甚至别人说的一句话，对于你来说，可能听听就过，看完就算，没有当一回事。而可能有的人就会从中得到启示，有所感悟，并寻求到商机。

机会是需要你去发现的，它只能摆在你的面前，而不可能张口告诉你怎么去做。2003 年发生"非典"疫情的时候，人们都忙着"避难"。新闻上说，它可以通过唾液传播，你想到的只是去多买些口罩，而有的人却想到的是去大批生产口罩、卖口罩，还有的人想的是爱美的人很多，一个普通的口罩不能满足美的要求，于是各种颜色、各种样式的口罩就争相展示出来。同一条新闻，却给人带来了不同的境遇，大部分人花钱去买，找到商机的人却从中获了大利。

旧的思维习惯、旧的理念、教条式的处事方法，都不利于发现机会，如果你能摒弃掉这些陈旧的习惯，顺应时势的发展，用新的眼光看问题，你就会发现身边处处都是机会。

有这样一个故事：

古时候，有一个商人出去逛集市，来到一个摆地摊的人面前。摆地摊的是一个非常落魄的中年人，面前一大堆小摆件，虽然做得很精细，但也值不了什么钱。这时，一只黑糊糊的、看不出是什么材质的小狮子引起了商人的注意。狮子的两个眼洞是空的，看眼洞处的痕迹，以前应该是有眼珠的，而且是最近才被挖掉的。商人很

为自己准备明天的早餐

奇怪，就问中年人。

中年人含泪说起自己的身世，原来在他父亲一辈他家是一大户人家，只是他自己不学无术，把家都败光了，只留下这一堆不值钱的摆件。如今很困难，只能试试看这些摆件能不能卖点钱。刚才有一人看见这只小狮子，给了他二两银子，挖走了狮子的两只眼睛，他也觉得很奇怪。

商人问中年人："这小狮子是什么做的？"

中年人看了一眼说："它一直就是黑糊糊的，还沉，就是一个铁疙瘩。"

商人想了想，说："我给你十两银子，你把这个铁疙瘩卖给我吧。"

一听十两银子，中年人想都没想就赶紧答应了，生怕商人会反悔。

商人拿着铁狮子回了家，家人一看，就数落他，花十两银子买一个不值钱的东西，黑糊糊的还没眼球，连做摆设都看不上。

商人没理会家人，只是拿了一些砂纸、凿子等工具就把自己关进了书房，整整一个下午都没出来。晚饭时，商人出来了，将一个用红绸包着的东西放在了桌上，脸上抑制不住的激动，家人也不知他卖什么关子。打开一看，只见一只金灿灿的小狮子映入眼里，如果不是那两个空洞洞的眼眶，谁也不会想到它就是刚才那只黑糊糊的铁狮子。

家人纷纷询问商人是怎么知道这不是一只铁狮子的。

商人说："开始我也不知道，只是觉得有些奇怪。一个人愿意花二两银子只买一对眼球，肯定那眼球有其特别之处，也许是一些宝石类的东西。再听他说他祖上也是大户人家，如果是你们，会给一只铁狮子装一对名贵的眼吗？所以我猜想，一定是他们祖上怕后人败光家产，沦落到悲惨的境地，特制了这个狮子以备不时之需。只是现在看来，他的后人可是辜负了他的一片良苦用心啊。"

从这个故事中，可以看出，其实机会是处处都有的，只是它会戴着一层面纱，需要你去发现，去把它找出来。这就需要你要有成功的心态，如果你只抱着碰运气的态度，那你肯定看不见任何机会。

现在是一个信息化的社会，各种信息充斥着我们的眼球和耳膜。你要学会用心去看，去听，去调查，去分辨，然后找出对你有用的，这就是机会。抓住了机会，你也就抓住了自己成功的方向。

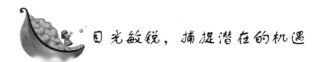

目光敏锐，捕捉潜在的机遇

这个世界从来不缺乏机遇，只是，时机有时看上去并不是那么明显，反而是朦胧而模糊的，唯有目光敏锐的人，才能透过现象看本质，抓住拓展事业的绝好机会。

很长一段时间，美国的妇女都认为裤袜能使身材苗条的妇女显得更健美，却会使身材肥胖的妇女更加臃肿。但是在美国至少有40%的妇女属于肥胖型，她们为自己有个"特大号"的臀部而忧心忡忡，从来不敢穿裤袜。

美国的很多厂家也这样认为，因此他们都只为身材苗条的妇女生产裤袜。但是雪菲德公司却有一种与众不同的意见，他们通过对市场调查资料进行分析后认为，正是由于这些肥胖女人目前不穿裤袜，也一直没有公司对这块市场进行开发，所以市场潜力很大，大有开发前景。雪菲德公司感觉这个40%的市场实在是大有潜力可挖，于是他们决定抓住这块被其他公司忽视的领域，开辟新的销售市场。

于是，公司集中最优秀的设计人员，专门为胖女人设计出一种名为"大妈妈"型的裤袜。接着，该公司为"大妈妈"型裤袜大做广告。广告中，3位胖墩墩的女娃娃穿上裤袜排成一线，标题是写着"大妈妈，你真漂亮"几个大字。3位胖女孩，面带微笑，仰头挺胸，从侧面看上去不但没有肥胖的感觉，而且让人觉得她们很快乐且充满自信。

广告发布的一个月内，雪菲德公司就收到了7000多封从全国各地写来的赞誉信，而且商店里买裤袜的胖女人争先恐后，公司大赚了一笔。

一个人要想成功，就要学会捕捉潜在的机遇。雪菲德公司的成功，就在于公司能根据市面上的调查资料，透过胖女人不穿裤袜的现象表面，独具慧眼地捕捉到被别人忽视的机遇，为特殊顾客——胖女人着想，特意为她们设计裤袜，赢得了赞誉，也奠定了该公司在裤袜市场的地位。

渡边正雄是日本一位经营不动产的商人。一天，有人来向他推销土地。来人说："在拿须有一块价钱很便宜的高原地，每平方米只卖60多日元，面积有几百万平方米，您愿意购买吗？"

其实，在来找渡边正雄之前，这个人已经向很多人推销过这块土地，包括几乎东京都内所有的不动产业者，但没有一个人对它感兴趣。因为这块土地在当时实在是没有什么价值，人迹罕至，没有道路，也没有水电等公共设施。

在听到这一消息后，与其他人的没有兴趣不同，渡边却异常兴奋。为何他会是个例外呢？后来，他向世人道出了自己当初的想法："别看拿须只是一片广阔无边的高原，但是跟天皇御用邸（别墅）邻接，如果把它好好改造改造，会让人感觉到在这儿就像置身于帝王家一样的环境中，能提高身份，能满足自尊心和虚荣心。再说，随着时代的发展，城市将越来越拥挤，将高原改造成居住地的时代一定为期不远。这时候买下来，动些脑筋，好好宣传，一定会赢利。"

不久，渡边拿出了他的全部财产，还借了部分债务，总算把这块数百万平方米的土地订了下来。

当他订约后，同行们纷纷嘲笑他说："渡边真是一个世间少有的大傻瓜，买那样一文不值的山间土地。"

然而渡边毫不理会别人的嘲笑，他信念坚定。订金一付完，他就开始按预定计划采取了行动，对土地进行规划和建设，他把土地细分为道路、公园、农园、建筑用地，又与建筑公司合作，打算先盖200户别墅和大型的出租民房。

把这一切准备妥当后，渡边就开始销售分段划分的农园用土地和别墅地，用来偿还未付的土地款。

很多人已经厌恶了城市的噪声和污染，向往那种田园生活的恬静。拿须风景优美，青山绿水，白云环绕，又远离喧嚣，还能亲自种菜、种花和种果树，闻一闻山间大地的泥土的香气。根据这些美好的条件，渡边在报纸上撰写吸引人的文字，刊登醒目、生动的广告，对都市人展开了强大的攻势。

果然，生意很快就有了进展，生活在东京的人都对此发生了极大的兴趣，甚至很多其他城市的人也纷纷前来订购。富人们订购别墅，普通的工薪族则订购一块果园或菜园地。因为有别墅，也有出租民房可住，因此订购的人非常多。

仅仅用了一年时间，渡边就把这块面积达数百万平方米的土地卖出了五分之四，净赚了50多亿日元。不仅如此，剩下的土地价格还在不断上涨，早已经远远超出了他当初所付出的土地款！

绝大多数人都喜欢追寻热点，但真正聪明的人却常常把自己的眼光投向无人问津之处，捕捉潜在的机遇。渡边正雄就是一个这样的人。同样的一块土地，被众人抛弃，但渡边却以过人的商业目光看到了其商业价值所在——名人效应的作用及都市人回归自然的心态。于是，他果断地买下了这块土地，然后加以开发，结果大赚了一笔。

成功的第一素质就是眼力，成功者首先必须是一位好的观察家。唯有卓越的眼力，才能对时局世态作出清醒的判断，透过现象看本质，先人一步发现潜在的机遇，在竞争中脱颖而出，取得常人难以企及的成功。

为自己准备明天的早餐

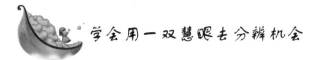

学会用一双慧眼去分辨机会

任何事物都有两面性。机会也是同样，有真机会，也有伪机会，真机会能让你成功，能让你心想事成，伪机会却能让你蒙受损失，让你浪费时间和精力。

尤其是在这个到处充满了竞争的现代社会，机会虽然也很多，但更要有一双能分辨出真伪机会的慧眼。如4月1日的某一条信息，有可能就是一个绝佳的机会，也可能是某一人的愚人节恶作剧而已。

在一个禁猎公园里，放养着一匹狼。在这匹狼的臀部有一块伤疤，是子弹留下来的。而且这匹狼在这里的所有费用都由一位富翁承担，人们对此非常好奇。

富翁说："因为它告诉我了一个道理，那就是机会和陷阱是并存的，有时它们会互相伪装，你需要去仔细分辨。"

原来，富翁去狩猎时，这匹狼很不幸地成为了富翁的猎物。当狼被追到一个近似于丁字形的岔道上时，前方迎来了端着枪包抄而来的向导，狼被夹在了中间。这时，狼选择了向着向导的方向冲去。看着倒下去的狼，富翁非常疑惑，为什么狼不选择没有枪的岔道。

向导告诉富翁，这里的狼非常聪明，在和猎人长期对抗的时间里，它们明白，越是没有危险的路越容易有陷阱，掉进陷阱里那真是死路一条，而迎着人过去，只要夺路成功，那就是生的希望。富翁深受启发，于是下定决心要救活这匹给他带来觉悟的狼。

人们明白了，在这个竞争激烈的社会，真正的陷阱往往会伪装成机会，稍微不留意，就有可能会碰得头破血流。

机会有时是明显的，但更多的时候则是隐蔽的。如果你没有眼光，便很难看到一种现象或一种事物后面所隐藏着的机会，也许他是在第一百次的失败之后才获得成功，但是有多少人能看得见呢？或者即使知道，又有多少人能坚持去挖掘这个机会，等待它的出现呢？很多时候，机会来临了，却没有识别它的智慧，或者又因为害怕或者不确定而停止脚步，结果让机会从身边逃走。

19 世纪中叶的美国，是淘金者的天下，加州由于发现了金矿，人们争先恐后地加入到这个淘金队伍中。有一个年轻人同样希望能抓住这个千载难逢的发财机会，也跟随着大家来到了加州。

这时他们来到一条很宽的河边，因为河水很急，河面很宽，他们只能沿着河边往上游寻找可以过河的地方。走了一昼夜，终于找到了一座小桥，过了河。又走了一昼夜才来到淘金的地方。年轻人失望地发现，由于越来越多的人蜂拥而至，想淘到金子已经是一件非常困难的事了。而且淘金者的生活也越来越艰苦，不少淘金者又只能返回去，年轻人也决定回去。

这时，他又来到了河边，看着湍急的河水，年轻人突发奇想：

203

每天都有大量的人涌入这里，又有大量的人要出去，但都要经过这条河，最近的小桥也要走一昼夜的时间，自己为何不在这里摆渡呢？

于是年轻人砍了些树做成木筏子，在河面上做起了摆渡的船夫。同来的人都嘲笑他："来到这里就是为了淘到金子，淘到金子就能发大财，你却在这里干这种摆渡的生意。"年轻人没有理会别人的嘲笑，依然忘我地干着自己的摆渡。淘金的人们来了一拨又走了一拨，但谁都不愿意去绕远路，宁肯花钱去坐年轻人的木筏子。

几年后，一同去淘金的人终于不能忍受准备回家了，他们来到河边，发现当年的木筏子已经换成了一艘很大的船，而且年轻人也不用亲自摆渡，而是雇了一个人。他们见到年轻人说："当年你的决定是对的，我们这几年也没淘到什么金子，而你只是摆渡就比那些淘到金子的人还富有。"

机会在每个人的面前都是公平的，就看你能不能发现机会。淘金和摆渡都中机会，对于每个人都是一样，只是淘金是明显的，而摆渡是隐蔽的，人们都知道机会是通往成功的捷径，都在等待机会、寻找机会，而明显的机会很容易被更多的人看到，所以也就不能称之为机会了，年轻人却分辨出了隐藏着的、真正的机会，于是他成功了。

所有成功的人都是因为发现并抓住了人们看不到的、隐蔽着的机会，所以才能功成名就。你身边也同样有很多隐蔽的机会，不要只盯在明显的机会上，要学会用一双慧眼去分辨机会，才能得到真正的机会。

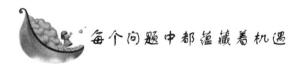

每个问题中都蕴藏着机遇

在每个问题中都蕴藏着机遇。当遭遇到某些需要解决的问题时，便是你得以脱颖而出的机会。

美国人克兰是个商人，专售巧克力。每到夏季，巧克力的销量便会急剧下降，因为天一热，巧克力容易变软，甚至融化。为此，克兰异常苦闷，他苦思冥想，终于制造出了一种硬糖，专供夏季消暑用，造型上一改块状、片状型，而压制成小小的薄环。他将这种具有薄荷味的硬糖命名为"救生圈"。1912年，他正式批量生产这种硬糖，投入市场后颇受欢迎，至今畅销不衰。

购物推车已经成为人们去超市购物的必需品，它的发明者名叫戈德曼。1937年，戈德曼在逛超级市场时，观察到顾客们或挎着或背着装满物品的筐和口袋，排着队等待着结账。他灵机一动，于是试制了一辆四轮小型推车，并且申请了专利，结果投入市场后，深受消费者和超市老板的欢迎。

每个人都有可能遇到各种各样的麻烦事，不要一味埋怨它们给自己的生活造成了什么不便，而要静下心来思考，如何来解决这些麻烦事，并且把它转化为自己成功的契机。

这个世界最需要的是处事冷静、善于解决问题的人才。因此，当你遇到各种问题时，切记不要当"逃兵"，不要犹豫不决，可以求教他人，但不能完全依赖他人。一旦对问题作出判断，你就应该大胆地去拿出主意。任何犹豫不决的举动都只会显得你很无能。你必须解决掉尽可能多的问题，只有这样，你才能迎来新的发展机会。

美国人克鲁姆是炸马铃薯片的发明者。1853年，克鲁姆在一家高级餐馆中担任厨师。一天晚上，来了位吹毛求疵的法国客人，他总挑剔菜的味道不好，特别是油炸食品太厚，无法下咽，令人恶心。这让克鲁姆十分气愤。

克鲁姆骂了一句后，随手拿起一只马铃薯，切成极薄的片，扔进了沸油锅中。结果味道好极了，他自己也尝了几片，确实香酥可口。不久，这种具有特殊风味的、金黄色的油炸土豆片，就成了美国特有的风味小吃，并且进入了总统府，至今仍是美国国宴中的一种重要食品。

1904年，哈姆威还只是美国街头的一个糕点小贩。这一年，在路易斯安那州举行了世界博览会，哈姆威被允许在博览会的会场外面出售甜脆薄饼。他的旁边是一位卖冰淇淋的小贩。夏日炎炎，冰淇淋卖得很快，不一会儿，盛冰淇淋的小碟便用完了。显然，这时再去找小碟已经来不及了，忙乱之际，小贩向哈姆威求助。

哈姆威便将自己的热煎薄饼卷成锥形充作小碟，交给卖冰淇淋的小贩用。结果热的煎饼和冷的冰淇淋巧妙地结合在一起，受到了意外的欢迎，被誉为"世界博览会的真正明星"。这就是今天的蛋卷冰淇淋。

在追求成功的道路上，每个人都会不可避免地受到各种问题的困扰。

想要获得成功的最快捷方法便是，化问题为推动力。无论在面对何种问题时，如果你都能处之泰然，妥善解决，你就已经按响了成功的门铃，再推一把，就跨进了成功的门。但是如果你认为问题是难以解决的，你回避它，那问题就必然会成为你前进的障碍了，你很容易就会被问题击垮。

每一次问题的出现，就是潜在的机遇。一个人要想获得成功，唯一的途径是去学习怎样应对问题、把握问题，勇敢而冷静地面对问题，挺直胸膛处理问题。

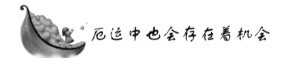

厄运中也会存在着机会

有一个食品加工商，从国外采购了大量的面粉和蔗糖，租船运回国内。不幸的是，在回来的大海上遇到了强风和暴雨。结果，面粉和蔗糖全被淋成了面糊和糖稀。突来的厄运让这个商人愁得茶饭不思。可他还是心有不甘，便寻思着能将这些糖和面派上什么用场。

就在这时，他看到船员们在烤铁板鱿鱼，眼看在铁板上，一片片鱿鱼被烤成香气四溢的佳肴，商人突发奇想：能不能把这些面糊和糖稀也烤成一种好吃的食品呢？

当船主烤完鱿鱼，他立即把面糊和糖稀的混合物放在灼热的铁板上。结果奇迹出现了，这些经过雨水浸泡而有些发酵的混合物，很快烤熟并意外地膨化开来。拿起一尝，这个正在为开发新产品而发愁的食品加工商激动地跳了起来……这种新式食品由于酥甜可口、风味独特而便于储运和携带，很快就在世界各地风行开来。

为自己准备明天的早餐

这世界上的事情往往就是这么奇怪，突然而来的厄运往往伴随着潜在的灵感和机遇。关键在于你是否有善于化解的心胸、善于发现的慧眼和惯于思索的头脑。

在德国，有一名生产书写纸的工人，由于粗心在一次操作中弄错了配方，生产出了一大批不能书写的废纸。由于这次事故，他被公司开除了。

他想自己真是倒霉透顶了，正在这时，一个朋友提醒他，这些纸也许能有其他的用处呢？他想，反正已经失业了，不如去研究研究这些纸，也许真能找到某种特殊用途呢。

在做了一番研究后，他发现这些纸的吸水性能非常好，虽然不能书写，但是可以用来吸干器具上的水。于是，他将这批纸切成小块，取名为"吸水纸"，投放到了市场上，结果十分抢手。

后来，他申请了专利，成了德国著名的大富翁。

很多时候，机遇与厄运之间也许只有一步之遥，甚至一纸之隔，只是这"一步"或"一纸"不一定在你的正前方，它可能在你的左边或右边，还有可能在你的身后……这时不妨晃晃脑袋，向左边、右边或者往后边看一下，说不定就在你转头的一刹那，机会出现了。

有一只狗，不慎掉进了深井，它不停地哀叫呼喊，期盼主人能把它救出去。可是，狗的主人也想不出救它的好办法。最后，无计可施的主人决定把狗埋葬了，顺便也把深井填上。

当主人开始向深井里铲土时，狗明白了主人的意思，它的叫声更加凄凉。可接下来，狗停止了哀叫，变得异常平静。每当有土落到狗的身上时，它都用尽全力抖落满身的泥土，再把它踩到脚下，把自己垫高一点，泥土不断地被抛入井中，狗不断地抖落身上的泥土，狗站的位置越来越高。最后，当泥土差不多填满整个深井时，狗不慌不忙地走了出来。

借助于埋葬它的泥土，狗得救了。这只聪明的狗从厄运中发现了逃生的机遇，并且最终拯救了自己。生活中，有很多人一旦落入"枯井"，往往只会在不停地抱怨中等待死亡。这些人真应该向那只狗学习，在面对困难时，懂得变通，利用自己的优势，寻找"出井"的方式，努力在逆境中摆脱被动，争取赢得机会，走向成功。

207

有一句话这样说："灾难就像刀子，握住刀柄可以为我们服务，拿住刀刃则会割破手。"换句话说，在灾难面前，最后结局怎么样，起关键作用的是作为主体的人。

聪明的人永远不会说自己没有机会去获得一项成就。在面对厄运时，不要把精力集中地放在所涉及的危险和困难上，相反，要把注意力集中在排解困难和寻找机会上，因为厄运中也会存在着机会，不可能的事也能转化为可能。

 积极争取机会，主动自我表现

我们知道，创造机会更容易成功。但是有多少人敢这样去做呢？有多少人敢在众目睽睽之下表现出自己的特殊才能呢？

一天，偏僻的小山村里突然来了一辆汽车，全村人都跑去看。从车上下来几个人，其中一个中年男子问："你们有谁想演电影吗？如果想演，就请站出来！"一连问了几遍，都没人吱声，人们都在窃窃私语。

这时，一个小姑娘站了出来，大声说："我想演。"她十六七岁，单眼皮儿，脸蛋红扑扑的，相貌也很普通。

"你会唱歌吗？"中年男子问。

"我会。"女孩子大方地回答，透出一股子山里孩子特有的倔强和淳朴。

"那你就唱一个。"

"行！"女孩儿开口就唱，"我们的祖国是花园，花园的花朵真鲜艳……"

村里人大笑，因为她唱得实在是太难听了。

没想到，中年男子却用手一指："好，就是你了。"

这个中年男子是大导演张艺谋，而这个大方勇敢的女孩儿叫魏敏芝，她幸运地被选中在电影《一个都不能少》里出任女主角。很快，她的名字传遍了大江南北。

为自己准备明天的早餐

每当人们遇到严峻形势时，最惯用的做法就是小心谨慎，力求自保。殊不知创造机会的时机往往就在这个时刻，自保的行为只能把所有的注意力放在了怎样缩小损失的事情上，而不能考虑到怎样发挥自己的实力。因此，人们常常是还没来得及亮出自己的优势，就被所遭遇的困境吓倒了。

胆量是一个人成功必备的素质。任何领域的领袖人物，他们之所以能够成为优秀的顶尖人物，就是在于他们有胆量面对所有的风险。当别人都觉得是风险时，也就增加了获取机会的几率。

有时你会请教一些所谓饱经风霜的人，以为可以从他们的身上得到一些经验。但是人们总是在面临新的问题时，往往会回忆起过去自己或者别人的失败，所以总会对你说一些这不可做那不可做的理由，把你的想法和主意否定掉。也许他们是希望你能少走弯路，但是他们可能忘记了自己当初是怎么成功的，也许就是敢于冒险，敢于亮出自己的剑。

要知道凉水泼多了，你就会对你的想法和主意持有怀疑态度，甚至产生畏惧的心理。你总是花很多的时间往坏处想，比如不要上当了，不要显得无经验，不要说错话了等，"不要"是一种消极的目标，当这些"不要"始终在人的脑海里徘徊时，你真的就有可能会上当、显得无经验、会说错话等。

无论做任何事情，你都会碰到爱唱反调的人来破坏你的理想。而在机会面前，要敢于亮出自己的本事，勇于冒险求胜，你就能比你想象的做得更好、更多。"有条件要上，没有条件创造条件也要上。"机会也是一样，只有勇于尝试，一次次地去叩响机会的大门，你会看到，总有一扇门会为你打开。

创造机会同样需要勇气和胆略，敢想多数人不敢想的问题，敢做多数人不敢做的事情。而成功者由于具有超强的成功的欲望，便时时保持着紧张状态，对于机会是绝不会放过，加上他们长期练就的一身挑战的勇气，面对机遇，他们敢于一博。

诺曼·利尔已经是电视界的一位举足轻重的人物，他曾做过推销皮鞋的工作，但是当时他非常希望能为好莱坞写作。他尝试了很多种方法来引起相关人的注意，但都以失败告终。

他思虑之后。勇敢地用了别人都没想到的方法来表现自己的才能。他通过各种方式打听到一位好莱坞知名的喜剧明星的电话。当他拨通电话，听到是明星本人的声音时，只是说："你一定会喜欢，这是一个非常了不起的笑话。"他也不做自我介绍。接着，他就念了一篇自己写的滑稽剧，念完时，那位明星已经笑得上气不接下气了。

笑完后，明星问他是否从事电视方面的工作，利尔很勇敢地说："是的。"明星非常中意这个既能写出好的喜剧又有电视工作经验的人，当即就邀请他为自己的圣诞特别电视节目撰稿。

利尔得到了他的第一份写作工作。

有胆识，敢于坚持自己的行动和想法，不仅有助于解决问题，也能成为创造机会的一种手段。

有人虽学富五车，但没有胆量去表现自己，还振振有词地说什么是"金子"迟早会发光的。这不过是自己欺骗自己罢了！金子被埋没在泥土中，也许暗淡无光数万年后，还能够被人们发现。但人生短暂，你没有时间等待别人来挖掘你，而且在知识不断更新的今天，不管你怎样"学富五车"，也只能在某一段时间内保持优势。在你的知识没有过时之前，能不能找到适合你施展才能的舞台，将成为决定你一生成败的关键。

人生要精彩，需要积极地争取机会，主动地自我表现。如果一个人的一生都没有登台演出的机会，而只是在做一个默默无闻的看客，那他的人生就会缺少光彩。积极地表现自我，这是一种积极主动的人生态度。

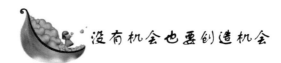

没有机会也要创造机会

生活中总能听到一些人在抱怨没有机会，他们总是埋怨命运不公平，抱怨上天没有赐给他们成功的机会。一旦身边有人取得了成功，他们会把这归结为"运气好"，而哀叹自己"英雄无用武之地"。实际上，机会对每一个人都是公平的。让我们来看看亚历山大

大帝是怎么说的。

在攻克了敌人的一座城市之后，有人问亚历山大大帝："假使有机会，你想不想把第二座城市攻占了？"

"什么？"他大声怒吼，"我不需要机会！我可以创造机会！"

"没有机会"永远是那些失败者的托词，很多成功、立业的人，往往不是那些幸运之神的宠儿，反而是那些"没有机会"的苦命孩子。

可是生活中有很多人习惯于安分守己的生活，他们对于失败有着太多的担心，而不愿意去想一想如果成功了会有多么辉煌。这些人喜欢待在"安全区"内，即使乏味无聊，不出成绩，也不愿意去冒险。有一位软件工程师，他的专业技能很强，但他有好几次拒绝了公司提升他为部门经理的机会，而只愿从事一些简单的编程工作。他说："我可不愿意去担任经理，负责一个部门的工作太累，带领一个部门去完成公司下达的任务，那责任太大了。我可负担不起。"几年过去了，和他一同进公司的人都得到了升迁，而他的职位却一直没变。这是一个不思进取的懒惰者的典型。

机遇不像是在等班车，到点车就来。消极的人只会被动地等待机遇，而一个积极的人则会主动地去追求机遇。有一个俄罗斯的女演员，进入演艺圈以来，很长一段时间都是默默无闻，只是在一些影视剧中扮演配角。为了能吸引制片方和导演的关注，给自己创造在影视剧中演主角的机会，她大胆地进行了"冒险"：每拍完一部片子，就找主角一起拍照，然后请人将照片印成剧照，在上面注明片名、演播日期，并且标出自己扮演某某角色。如果打听到有哪家电影公司正在为摄制新片挑选演员，她就把这些剧照寄给制片人和导演，进行自我推荐。

终于有一天，一家电影的制片人看到她在那么多电视剧中担任过角色，为那么多著名演员配过戏，就认定她是个很不错的演员，从而选中了她。就这样，她终于有了演主角的机会。此后，她又通过一步步努力，成长为大明星。

每个人的命运最终是把握在自己手里的，机会也是如此。有时候，一些看似完全没有希望的事情，你若是积极地去尝试、去争取，

第八章　抓住机遇，开创明天

211

说不定就会有转机，再次柳暗花明。即使不能立竿见影地取得成效，你的努力总会在某种程度上得到别人的赞许和认同，这也是一笔潜在的收获，他日甚至可能转化为实际的财富。

肖一大学毕业后，到一家电脑公司担任销售代表。公司让他负责北方市场。刚一上任，他就发现有个北方的大订单，可是对方的招标时间已经结束好几天了，而且拒绝再与他合作。这是一件看起来彻底没有进展的事情，其中也没有丝毫转机的迹象。如果换成别人，可能这件事也就到此为止了，但是肖一并没有就此罢休。

他首先去了北方的这个城市，跑遍了整个省城，了解到一些重要的政府部门需要大量采购电脑，然后去结识这些部门的领导。当他敲开某一个单位的大门时，一个负责人遗憾地告诉他，虽然这里马上就要购置一大批计算机，但是由于他们已经提前以招标的形式和别的公司达成了合作意向，而且之前从未和肖一的公司合作过，供应商们已经开始做投标书了，3 天后就是开标的时间。然后，负责人就去招呼其他客人了。

肖一并没有就此结束争取的念头，而是继续联系朋友，了解这个项目的详细情况，打电话到开发商处推荐自己的产品，但是对方态度很明确地拒绝了。

似乎真的不可能有任何进展了，但肖一仍然没有放弃，他转身回到那个单位负责人的办公室，希望对方能够将招标书给他。负责人推辞说他这里没问题，但是还须得到处长的同意，而此时处长正在省内的另外一个城市开会。肖一立即拨通处长的手机，处长表示正在开会，叫他晚点打过来。

肖一当即决定赶往处长所在城市，亲自去见一面。他来到该市时已经是中午了，处长正在下榻的宾馆休息。肖一未等处长睡醒就从虚掩的房门进去自我介绍。处长很不高兴。肖一一再表示歉意，向他解释，说自己这么做的确很过分，但是他特意从广州飞过来见他，而且表示自己非常熟悉这个领域，可以给他很有价值的参考。精诚所至，处长终于原谅了他，并且同意发给他标书。肖一再三感谢后，立刻回到原来的城市办理手续，拿到标书。但这仅仅意味着有了一个机会。此时，他已经不担心能否得到这笔订单，而只想尽自己最大努力把事情做好，就算是为今后赢得机会。

3天的努力之后，他终于代表公司将3本漂亮的投标书交到了该单位，并且放出了最低价格。开标那天晚上，客户宣布他所在的公司中标。

肖一这一路走来，可以说是经历重重阻碍，而且有很多时候，事情似乎看上去都已十分渺茫，但他没有灰心，而是奋起再争取，他的努力在最后终于获得了回报。

很多没有成功的人整天在抱怨没有得到机会垂青，终日顾影自怜、自怨自艾，过着庸庸碌碌的生活。其实他们最该做的是改变自己的态度，坚定自己的决心。要知道，真正能够帮助你的并不是外来的环境和力量，正如西方谚语所说："是的，上帝在聆听，但能帮助你的永远只有你自己！"

"没有机会"永远是那些失败者的借口。那些甘于失败的人会认为自己失败的原因是因为不能得到像别人所有的机会，因为没有人帮助他们，没有人提拔他们。他们将对你说，好的地位已经人满了，高等的职位已被抢光了。一切好的机会都已被他人捷足先登，所以他们便没有机会了。

但有骨气的人却不会为自己的失败找借口，他们不哀鸣怨尤，而是尽力迈步向前。他们从不等待机会，而是制造机会。

没有机会也要创造机会！对于成功而言，这一点十分关键！哲学家培根说过："造成一个人幸运的，恰是他自己。"如果你真有想要成功的强烈愿望，就要积极地迈出实现它的第一步，而不必等待具备所有的条件。

记住：千万不要等待或拖延，你可以为成功创造一些条件！

机会中藏匿风险，风险中蕴含机会

机会与风险就如同一对连体婴儿，谁也不能离了谁单独存在。机会中藏匿着风险，而风险中又蕴含着机会。关键是你以什么样的

第八章　抓住机遇，开创明天

213

心态和眼光去看待它。

很多人在什么事情还没开始做之前，就认定自己一定是个悲剧角色，他们总是用消极颓废的心态去对待问题，凡事从来不想正面的，就是给他一个绝好的机会，他也会说："哪儿有天上掉馅饼的好事，就算有也不会掉在我头上，就是真掉在我头上了，那万一做不成功呢？万一全赔了呢？"这样的心态，只会错失机会。

但也有些人，盲目地乐观，什么事只往好处想，也从来不会去考虑这件事是否合理、自己是否能承担。只要是机会就一概抓住，不去分析风险所在，不考虑对风险的承受能力，结果只能是让自己受了一次又一次的伤。

这两种人的做法都不对。任何机会都会伴随着风险存在，而风险也分大小，选择机会应考虑到对风险的承受能力，不能盲目地认为机会中全是风险，或者没有风险。

容易攀越的山，也许很低，也很安全，你也许只能看到人工的痕迹。而难以攀越的山，可能需要你有勇气爬上断壁悬崖，你可能会为此丧命，但是一旦站在山顶，你就会看到你所不能形容的、令你窒息的美景，你会觉得即使为此丧命也值得。这就是机会和风险，风险越大，回报就会越高，相反，风险越小，回报也就会越低。

所谓"机不可失，时不再来"，担心和犹豫不决只能使机会很快地溜走，机会总是垂青那些敢于最先伸手的人。很多人在机会来临时，总是先抱着观望的态度，等着别人做，以此来测定风险的大小，一看到别人赚钱了，就立刻开始跟着做，结果却什么也没得到。就如北京前几年很是火了一把的"掉渣"烧饼，刚开始做的都赚了钱，有些人只看到他们赚钱，觉得没有什么风险，也跟着做，似乎在一夜之间，北京大街小巷都开起了"掉渣"烧饼店。但是没过多久，又都关了门，因为似乎不存在风险了，但赚钱的机会也没了。

有时候危机也是一种机会。人人都会遇到危机，当危机到来时，人们总是感觉在遭受苦难，觉得无力应对。所以人们总是避免危机降临。

但是看看成功人士的历程，你会看到，他们的转机大部分都是在危机中展示出来的。他们似乎更愿意从危机中寻找机会，他们懂得在别人为此忧心、困惑的时期，理智地看待问题的前因后果，当从中找到一线有转机的机会，他们就会把这个机会的成功与风险进行权衡，在有把握的情况下，大胆出击，但这必须有冷静、清晰的头脑。一般人是很难做到的，一般人只会害怕失去自以为很重要的东西，而不会冷静地分析问题，机会就这样错失了。

每一个困难处境都蕴藏着一个机会，机会只有在风险的陪伴下，才能显得珍贵，才能让抓到他的人激情四射，才会产生更大的自信，才能发现自己的潜力，并激发自己挑战的勇气，在面对下一次更高的目标时才能更加从容。

同样，机会也会面临各种问题，这些问题也是风险的一种，当遇到问题时，很多人总是感觉非常麻烦。但是有一类人就喜欢发现问题，并解决问题，这就是成功者。在解决问题的同时，不仅可以得到更多的机会，也会给你带来更大的满足，问题越大，你所经历的挑战就越大，你可以检测自己的创造力和解决问题的能力。

既然不能抛弃风险而单独拥有机会，那就不要畏惧风险，风险的存在为你的机会增添了更大的价值。正确看待机会与风险，你才能更好地发现和运用机会，在创造机会的同时也知道应该规避什么样的风险。

拿破仑·希尔说："不要等到万事俱备之后才去想着做某件事，世上永远都不会有绝对完美的事。如果要等所有条件都齐了以后再去做，那就只能是永远地等待下去，最后一事无成。"

第九章　保持健康，拥有明天

　　健康是大自然给予我们最公平、最珍贵的礼物，只有拥有良好的健康状况和随之而来的愉快情绪才是人生幸福的最好保障。

认真对待自己的健康

健康是大自然给予我们最公平、最珍贵的礼物，只有拥有良好的健康状况和随之而来的愉快情绪才是人生幸福的最好保障。只要拥有了健康，就可以做我们想做的事情，就可以去实现我们的理想，而失去了健康，你所拥有的一切都不过是水中月。因此，为了我们的生活，为了我们自己的事业和理想，认真对待自己的健康，就是为自己的未来挖了一口永不干涸的井。

曾经有一个小伙子，家里非常贫穷，他总是抱怨自己的时运不济，没有发财的机会，使得自己经常过着困难的生活，因此，他总是幻想着："如果我能够拥有一大笔财富，该有多好啊！"

一天，他又躺在树阴下唉声叹气，这时，走过来一个老太太，见年轻人愁眉苦脸，便问道："小伙子，什么事情能让你这么忧郁？"

"上苍对我很不公平，你看别人的生活都过得富足快乐，可我却一直很贫穷。"小伙子讲出了心中的想法。

"你很穷？"老太太笑了笑说道："我看你却是很富有的！"

"你看我吃的、穿的、用的，都不如别人，只是勉强温饱而已，这能叫富有吗？"小伙子不屑地说道。

老太太反问道："小伙子，我很有钱，我用 1000 元买你的一根手指头，你愿意吗？"

"那不行！没有了手指头，我什么也干不了！"

"那这样，我给你一万元，买你的一只手，你愿意吗？"老太太又问道。

"不行，那就成残疾人了，我可不想！"小伙子再次拒绝了。

"那好吧，我给你 100 万元，买你的青春，这样，你会像我这样老，你愿意吗？"老太太继续问道。

"不行，我还没有享受到年轻的快乐，就让我老去，那怎么能行，我不会出卖自己的年龄的。"小伙子又一次拒绝了。

"那我再加一些，我给你一千万元，但是我要你的生命，你愿意吗？"

"你在开玩笑？那怎么能行呢，没有了生命，我还要钱做什么？"小伙子从树阴下蹦了起来。

听了小伙子的回答，老太太笑呵呵地问道："你看，你的身上已经有超过一千万元的财富了，为什么还要说自己贫穷呢？"

老太太的话让小伙子呆立当场，无言以对，他也在心中问自己：是呀！我已经这么有钱了，还有什么可抱怨的呢？

我们总是会听到这样一句话："年轻时用命挣钱，年老时用钱换命。"要知道，健康是不以一个人的财富地位的不同而有所变化的，它不会因为你有多大的成就、有多少财富就偏向于你。如果你不能遵循健康规律，健康就会弃你而去。

在现实生活中，我们也经常能看到、听到身边的人，年纪轻轻就得了重病，或者就因病失去了生命。追溯他们的生活，我们可以发现，很大一部分人都是没有健康的概念，认为自己年轻，有资本，所以只知道工作，不注重自己的健康，就算觉得身体不舒服，也不会让自己休息，他们害怕自己的事业受到影响，失去拓展和赚钱的机会。结果，身体越来越糟，等到他们觉悟到健康的重要时，已经为时已晚，不仅再也不能工作，而且也不能用所有的财富来换取健康，因为健康是无价的。

身体的健康可以影响一个人的精神状态。现在的人们为什么总是感觉到自己非常累，干什么都没有兴趣，易疲劳？就是因为身体状况不好。现代人又常常忽略了锻炼身体，频繁地透支自己的身体，精神状态当然不会好。

除了身体上的健康，人们还常常忽略心理上的健康，心理健康一旦出了问题，会比身体疾病更可怕。现在心理疲劳已经不知不觉地影响着很多人。

心理疲劳往往不容易被发现，即使感觉到，人们一般也会认为是自己太累的缘故，不予重视，而当这种心理疲劳达到一定的"疲劳量"，就会引发各种心理疾病，不但会影响自己的工作和生活，严重时还会危害到社会上的其他人甚至整个社会。

要想有良好的心理健康，就必须保持平和的心态。不卑不亢、戒骄戒躁、不嫉妒羡慕等，同时还要学会倾诉，大多数人都会有发泄的渴望，这时候找一个好的听众可能就是你最好的选择。向他倾诉一番，把令人烦恼、怨恨、悲伤或愤怒的事情都说出来、发泄出来，你就会产生一种如释重负的感觉。这种发泄和倾诉，就是人们谋取心理平衡的一种需要。

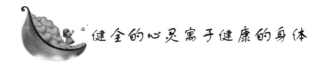

健全的心灵寓于健康的身体

如果你想在未来成为一名出色的人，你一定要注意保持身体健康。为了健全的心灵，为了达到成功的彼岸，从青少年时期起就保持身体健康吧。因为健康是成功之本。

俄罗斯有句关于健康的谚语："一切好事都是'0'，唯独健康是'1'"。由此可见健康的重要性，所以大家都要珍惜自己的"1"，并在此基础上争取更多的"0"。

青少年朋友们，我们不要自恃青春年少，便忽略了自己的健康。我们照顾身体50年，它会照顾我们50年；我们折磨它50年，它也会折磨我们50年。如果将健康当成一个户头，而我们总是透支，不做投资，那么总有一天健康也会破产。

"健全的心灵寓于健康的身体。"这句格言可追溯到罗马时代，而且历久弥新，到今天仍然适用。健康是可以经营的，而老板就是自己。拥有健康不代表拥有一切，但失去健康就会失去一切，愿每个青少年朋友都能经营和管理好自己的健康。经营好你的健康，这是一个让你幸福一生的好习惯。

让我们先来看看有关毛泽东注重健康的故事：

毛泽东从学生时代开始就非常重视锻炼身体，一辈子坚持锻炼身体，非常值得我们学习。这里主要讲几个毛泽东在湖南第一师范上学时刻苦锻炼身体的故事。

毛泽东在12岁的时候曾经得了一场大病，开始体会到身体的重要，后来在湖南第一师范学习时，他特别重视锻炼身体，经常参加各种体育锻炼，并且把锻炼身体与磨炼意志结合起来。这就是他每天坚持冷水浴。

第一师范校门口有一口水井，毛泽东的老师杨昌济天天坚持在这里进行冷水浴，毛泽东也尽力仿效。每天，天刚蒙蒙亮，毛泽东就起床穿一件短裤来到井旁，他一桶一桶地把水吊上来，从头浇到脚冲洗全身，然后用毛巾擦干，擦了又淋，淋了再擦，直至擦得浑身通红为止，即使在寒冷的冬天也坚持。

毛泽东洗冷水浴坚持多年，解放后，他年岁大了，洗澡时还用温水，不用热水。他对人说："一个经常注意锻炼身体的人，便不会为风雪的寒威所吓倒。我练习过冷水浴，现在年纪虽然大了，冬天也还可以不用热水洗澡，小小的寒冻也还经得住。锻炼的确是重要的事情。"另外毛泽东非常喜欢游泳，可以说一辈子坚持游泳。

韶山冲，毛泽东家门口有两个水塘，这是毛泽东小时候经常游泳的地方，打水仗、游泳，曾给他带来无穷的乐趣。

在第一师范上学时，学校前面就是水面很宽的湘江，更是游泳的好地方。每年 5 到 10 月，毛泽东和几个同学几乎每天都到湘江游泳，还横渡湘江。到了冬天，许多人都不敢下水，毛泽东和几个同学还坚持冬泳。

1918 年 3 月，游泳家李石岑来长沙，毛泽东还专门请他到湘江水中教授游泳技术。当时，毛泽东还写过一首有关游泳的诗，可惜已经失传，只留下了两句："自信人生二百年，会当水击三千里。"到了 70 岁，毛泽东还横渡长江，真是了不起。

风浴、雨浴、日光浴、空气浴，也是毛泽东喜爱的运动。从第一师范前面过了江就是岳麓山，这是毛泽东和伙伴们进行风浴、雨浴、日光浴、空气浴的好地方。他们游过湘江，躺在烈日照射的沙滩上伸展开身子进行日光浴；遇到暴风雨，他们不去躲避，反而在大风大雨中奔跑呼叫，这叫风浴和雨浴；登上山峰，迎风高歌，这叫空气浴。

野外露宿。毛泽东经常邀集几个同学到妙高峰君子亭和岳麓山、爱晚亭附近露宿。他们尽情地游玩，尽情地高谈阔论，夜深人静了，他们分散开在枯柴杂草中露宿。有一天早晨,几个游人看到庙旁露宿着一个人,因为夜里蚊子多,头脚都用报纸盖着。游人吵醒了露宿的人,收起报纸就走开了,这个人就是毛泽东。

毛泽东不仅自己刻苦锻炼身体,还带动组织同学们参加各种体育锻炼,他担任学校学友会总务兼研究部长时,就组织过游泳,有百余人参加。毛泽东当时还写过一篇研究体育的文章叫《体育之研究》,对体育运动进行深入地探讨,把身体喻为"载知识之车","寓道德之合"。他还提出强国必须重视体育,成才必须德智体全面发展。

1951 年,毛泽东在接见湖南的几位教育界人士时,也谈到进行体育锻炼的好处。他说:"我认为有志参加革命的青年,必须锻炼身体,不去锻炼身体的人,就不配谈革命。大家不是读过《红楼梦》吗?《红楼梦》中两个主角,我看都不太高明。贾宝玉是阔家公子,饮食起居都需要丫头照料,自己不肯动手;林黛玉多愁善感,最爱哭泣,只能住在大观园的潇湘馆中,吐血,闹肺病。这样的人,怎么能革命呢?你们办学校,不要把我们的青年培养成贾宝玉和林黛玉式的人。我们不需要这样的青年,我们需要坚强的青年,身体和意志都坚强的青年。"

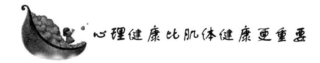

心理健康比肌体健康更重要

忍让可以避免许多学习和生活中的烦恼,可以摆脱很多为人处世的是是非非……让我们学会忍让吧。譬如对于学习上的困难,你既要自信地去忍让,又要有勇气去解决。

我们常说"身心健康",也就是说健康包括两个方面的含义,一个是"身",即生理健康,另一个是"心",即心理健康,两者同等重要,缺一不可。有关心理健康的问题如今受到了越来越多的重视,这是个好现象,表明了时代的进步与人们观念的改变。

心安才有身安,如果一个人整天处于紧张、焦虑和失眠等不健康状态，那么身体肯定会受到损害。假如为读书学习而经常焦虑、压抑和烦恼，就会引发消化、神经、内分泌等系统的功能紊乱，甚至导致疾病。

要经常自己宽慰自己，提高学习信心。人的心理一时失去平衡并不可怕，可怕的是时常失去平衡，久而久之心理会扭曲与变态，从而作出许多傻事、错事和蠢事，致使自己陷入更加痛苦的境地。宽慰自己是保持心理平衡的良方，面对学习困境要充满希望，面对人际关系冷漠要努力改善，面对考试失败等不幸要坚强。总之，只有在心理健康的前提下，才有身体的健康。

学习工作竞争带来的压力，会让许多人感觉恐惧和害怕。因此，一个人的精神健康更显得重要。什么是精神健康？能够正确地评价自己，了解自己的长处和短处，充分地扬长避短；能够客观地评价学习和生活的环境，知道自己应该做什么；能够明智地调整自己的学习和生活的心态；能够乐观地看待人生；能够愉快地与人交往；能够积极地消除心理压力；能够承受学习和工作的负担；拥有充分的自信和自强能力；能够经受困难和挫折的打击；能够冷静听取别人的意见；如此这个人就算得上精神非常健康。

过去我们对生理健康强调过多，只有生了病才会去医院进行治疗，从没想过如果人患上了心理疾病，同样会危害我们的一生。

只有那些行为异常的精神病，我们才把它们视为心理不健康，而对其他的人呢，都视为心理健康的正常人。这种看法未免有些片面了，常见到报刊上报道某个中学生离家出走、服毒自杀。这些令人痛心的现象，不正说明他们的心理已经不大健康了吗？可惜的是，人们不能及时地察觉，才致使悲剧一再地重演。

震惊全国的马加爵杀害同学案，不也是这样一个鲜明的例子吗？马加爵的身体十分健康，但就是不能与同学很好地相处，自卑心理严重，性格孤僻，对别人的非议耿耿于怀，报复欲望极强，才酿成了杀人害命的惨剧。

这些都向我们揭示了心理健康的重要性。我们都有这样的经验，身体的疾病是容易发现的，而心理上的疾病却隐藏很深，如果不爆发出来，就很难发现。但是等到爆发出来的时候，就已经太晚了，

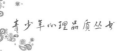

悲剧往往已经酿成了。

国外早已有了"心理诊所"，具有专业知识的心理医生为病人排忧解难，化解病人心中的疾患。在我国，类似的研究也已蓬勃开展起来，为无数心理患者带来了福音，处于青春发育期的青少年由于生理发育较快，给心理上带来的波动较大，因此我们一定要重视自己的心理健康，时刻保持乐观的心态，团结互助，助人为乐，努力学习，尊老爱幼，做一个思想美、语言美、行为美、品德高尚的好学生。

世界卫生组织曾对"健康"下过一个定义："健康不仅仅是指没有身体疾病或残缺，而是要在生理上、心理上和社会适应能力以及道德等方面都处于良好状态。"这个定义是比较完整、准确的，而且特别强调了心理健康的重要，我们可以与自己做一对比，看看自己的心理是否处于健康的范围内。

我们要能适应社会，正确地认识现实，自觉地接受社会道德规范，能较好地适应自己的学习生活与周围环境，保持积极乐观的心态，遇到问题不悲观、不退缩、不怨天尤人，而是积极地想办法，在老师或长辈的帮助下，解决好自己所面对的一系列问题，表现出朝气蓬勃、积极进取的良好精神风貌。

只有重视了自己的心理健康，保持着积极乐观的健康心态，我们才能健康地成长起来，在学习和生活中取得一个又一个的成功。

要保持精神健康，应该注意以下几个方面：

1. 不要沮丧和忧虑

精神好，学习效果就好。精神差，学习效果就不好。心情沮丧，有损于一个人的身体健康，也有损于一个人的学习成绩。假如自己不学自厌，不考自垮，不推先倒，不思而困，不磨自愁，那么这样恶劣的学习生活状态，怎么能做到好好读书呢？

不要恐惧考试，不要厌烦读书，要去发现学习的快乐。如果情绪低落，心情抑郁，烦躁不安，寂寞苦闷，那学什么都提不起精神来。

一会儿怕学习出差错，一会儿怕流言四起，一会儿又怕别人脸色难看，一会儿怕考试失败，一会儿怕老师和父母责备……倘若整天胡思乱想，昼夜烦恼不已，那就会日日见清瘦，夜夜伴乏力，每每无精神，这样的人生有何幸福和健康可言？

好心情能增强免疫力。为什么乐天派多健康长寿？为什么"忧虑虫"多衰弱早亡？每个人都应明白一个浅显的道理：人的一生遭遇好坏与快乐无多大关系。有的人生活颇为顺利，却活得十分痛苦；有的人一生中吃过许多苦头，却能活得有滋有味。

2. 克服娇气

生活上娇气不利于健康，心理上娇气更不利于健康。谁见过温室里能培养出参天大树？谁相信温室里的花能经受住狂风暴雨的吹打？娇生惯养无异于慢性自杀，表面看是享受，实质是一种痛苦的折磨。心理上娇气比生活上娇气危害多得多，脆弱的心灵何以面对人生磨难！

娇气往往是多余的，儿童时候撒娇是可以原谅的，但是青少年时期的撒娇行为有时候却是令人生厌的。不娇就会健康，不娇也能刻苦读书。对自己没有正确的认识，不肯去刻苦读书，不注意身体和心理健康问题，心理上娇气的副作用将会陪伴终身，那样产生的恶果往往令人痛苦不堪。

3. 大度大量，有益健康

心胸狭窄的人经常烦恼不断，而且容易被各种疾病侵扰。中医认为："气大伤肝。"那些气量小的人，常常会感到自己事事不顺心，学习和生活环境不够好、不宽舒，老师经常批评人，同学总是惹是生非。

人们不会忘记"诸葛亮三气周公瑾"的故事。周瑜身为三军都督，却无"宰相肚里能撑船"的度量，为"既生瑜，何生亮"之气而夭亡。人们常说气量小是人生的大敌，可事到临头却为何自己的心胸总是不够开阔，为人总是不够豁达呢？所以说，从青少年时期起，有意识地培养自己的气量，学习容忍别人，对我们将来成为栋梁之才是大有裨益的。

4. 学会忍让

《论语》中说："小不忍而乱大谋。"忍让是一种健康的心态，忍让是强者的意志，忍让是明察事理的表现，忍让是"吃小亏占大

225

便宜"。学会忍让，可以使我们的麻烦降到最低水平，并且我们心理的不安能够减少到最低限度。其实，忍让不是懦弱的表示，而是一种宽恕的信号，也是智者的选择。不会忍让的人，肯定麻烦不断。

 培养健康的生活习惯

俗话说，年少时人找病，年长时病找人。一个人在年轻时往往轻视健康的重要性，而到了中年才会体会到健康是人生之本。多数人在年少时因为缺乏健康观念，常无意识地损害自己的健康，到了年长时则会百倍珍惜健康，但是往往为时已晚。

当我们备受疾病煎熬的时候，是否想到许多疾病均是由自己引起的，譬如多少次借口学习时间紧而不吃早饭；多少次怒气冲冲，连一口饭也吃不下；多少次通宵达旦，尽情狂欢；多少次忧心忡忡，睡不好觉；多少次冲口而出又追悔莫及；多少次与人盲目攀比，不平之心难言；多少次与环境作对，弄得心力交瘁；多少次争强好胜，搞得头破血流。

我们应该从读书的时候就开始培养健康的生活习惯，尤其要注意以下几个方面：

1. 合理膳食是健康的关键

每个人对食物的需求量都不一样，问题的关键不在于每天吃多少，而在于摄取食物中脂肪和纤维含量的多少。多吃有益健康的谷物、蔬菜和水果，少吃有害健康的高脂肪类和油炸食物，则精力充沛、身体健康。

不要愚蠢地吃喝，要科学饮食。俗话说，民以食为天。合理膳食能确保自己的健康，不仅能保持身材，而且使胆固醇适中，血脂也不会升高。每天喝一杯牛奶能补钙；饭前喝汤，胖的能变瘦的；饭后喝汤，瘦的也能变胖的；食物有粗有细，七八分饱即可。

肥胖基因并非是发胖的根本原因，不良的饮食习惯才是肥胖的罪魁祸首。体育运动的严重缺乏，加上食品摄入过于丰富，营养不

为自己准备明天的早餐

均衡，是导致肥胖的主要原因。实际上，如果你在晚上还有心情吃喝，肥胖症已经离你不远了。

2．虚荣心太重容易损害健康

一个人虚荣心太重，既是健康的大敌，也是亡身之祸。人有一时的虚荣心不足为奇，是可以理解的，但是若有长期的虚荣心则是祸害。每天都要自欺欺人，而且时时都要虚撑面子，总是生活在百般伪装中——这样的学习和生活该有多累！

盲目攀比，可悲地欺骗，畸形的心态，不敢正视学习现状的恐慌，这样无疑会陷入苦海之中。家庭条件是什么样子，就是什么样子，不要去攀比生活条件，应当向读书成绩好的同学学习。学习他们的刻苦，学习他们的认真，学习他们的专心。

青少年重在好好学习，没有必要去逞能争强，到处去显示自己的所谓那些本事。如果这样去做，不仅说明你的无知，而且容易给自己带来不幸。安心读书，不要到处去逞能当英雄、打肿脸充胖子，因为这样做实在没有必要。在读书上应该多花功夫，多用时间，一心一意为自己的美好未来刻苦学习。

不用心读书却到处指手画脚，容易招致别人的怨骂。爱出风头是个坏毛病，虚荣心理害死人。出头露面多了易出现丑陋的本相，烦恼不断容易伤害身体。为什么不让自己的内心保持宁静，安心读书呢？

3．不要过度任性

过度任性容易滋生烦恼，当然也影响一个人的学习和生活，更影响一个人的身体健康。有人说，漂亮的女生往往任性；有人说，有才华的人往往任性；也有人说，骄傲的人更容易任性。大概因为他（她）们的优点容易受到赏识，而他们的缺点容易被谅解，所以他们的精神总是处于放松的状态。

放任自己的性子，不加约束地胡闹，到头来难免搬起石头砸自己的脚，不但麻烦不断，而且对健康也不利。总是随着自己的性子来学习或者生活，这肯定是糟糕的。

4．嫉妒是学习的大敌

在学习上应该刻苦，一心去努力读书，而不是光知道嫉妒那些

227

成绩好的同学。在生活上应该保持艰苦朴素的本色，自己原本就出身贫困家庭，却偏偏要去嫉妒那些家庭条件好的同学，那么容易烦恼痛苦，没有好心情去读书，容易走上人生的绝路。

多与人为善，宽容待人，不要去恶意攀比。嫉妒是现代人常见的一种恶劣心态，这是极端狭隘的。嫉妒会使人面目可憎，嫉妒会使人丧失亲情、友情，嫉妒会增加无尽的烦恼。

5. 摆脱抑郁症的泥潭

如果总想逃避现实的学习生活，如果经常为了读书而感到绝望，如果每每为考试而惊慌失措，如果时有苦闷无比的厌学情绪，如果时时对老师充满敌意，如果经常瞧不起同学，感觉他们时刻与自己作对，如果自己越学越觉得无意义、越活越觉得没意思——那么我们就要提高警惕了，有可能厌烦读书的学习抑郁症已经悄悄地缠上你了。我们一定要走出抑郁读书的"沼泽地"，否则就不可能去安心读书了。

6. 睡眠是健康的最好保证

一般情况下，保证良好的睡眠，比保证良好的饮食还要重要，因为它能对大脑和整个神经系统进行调节。莎士比亚曾把睡眠比喻为"生命筵席"上的"滋补品"。良好的睡眠不但是身体健康的保证，而且也是获得优异学习成绩的保证。

一个人如果经常睡眠不足，往往后患无穷，会严重影响学习效果，以及身心健康。老是睡不好，如果时间长了会有生命危险。健康不觅仙方觅睡方；春夏宜晚卧早起，秋冬宜早卧晚起，"先睡心，后睡眼，头北脚南睡得香"。睡眠好则身心爽快，一觉好眠百病消。

7. 要保持良好的"生物钟"

我们最忌讳的是学习生活没有规律性，随自己的性子去读书学习，譬如今天学习到半夜三更，明天却蒙被睡到正中午。没有计划，没有规律，既危害健康，读书效果也不好。应该吃饭的时候不去吃，饿到半夜才想到，这样最损害我们身体的健康，对学习也极为不利。

切莫随意造成自己"生物钟"紊乱。人体都有一个神秘的"生物钟"，学习和生活起居无常容易打乱"生物钟"，会导致自己精神萎靡不振，内分泌失调，甚至免疫力也下降。长期下去，不但对身

体不利，而且学习成绩也会下降。

8. 坚持"乐观、营养、运动和节制"的健康之道

乐观有益健康，这是许多人都明白的道理。著名医学专家洪昭光教授开出的健康处方，第一条就是"养心汤"。俗话说：笑一笑，十年少；愁一愁，白了头。笑不仅能增添欢乐情绪，增添肺活量，而且能够缓解心理压力，提高人的免疫能力，还能给自己和别人一种温馨的感觉。运动是为了强身，最终目的是确保健康。"常锻炼，常运动"应该作为我们的座右铭。生命在于运动，贵在日常坚持锻炼。锻炼要避免误区，要根据不同体质、年龄等，选择最佳的锻炼方式。

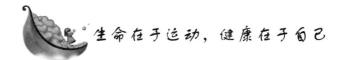

生命在于运动，健康在于自己

"生命在于运动"，这是法国作家伏尔泰创作的名言。伏尔泰本人也是一位热爱运动、有健康生活规律的人。伏尔泰信守一生的格言是："我们的健康全靠我们自己"。伏尔泰年轻时并不懂得健康对于生命的意义，身材瘦削，生活无规律，后来因为患病影响了写作，他才创造了自己独特的养生方法，并持之以恒。人们渴望健康，有健康意识，但不代表所有的方式都正确，有些人家里的健身书籍非常多，但他们究竟能把一种健身活动坚持多久呢？生命不息，运动不止，仅有3分钟热度是不管用的。

英国现代杰出的现实主义戏剧家萧伯纳不仅才思敏锐，有着"当代人中最清楚的头脑"，而且还有一副可与著名运动员相比拟的体格。萧伯纳保持健康的原因有二：一方面在生活上非常规律，不吸烟，不喝酒，而以粗面包和蔬菜为主。另一方面，他一生都坚持体育锻炼。

萧伯纳每天早起，洗冷水浴、游泳、长跑、散步，他还喜欢骑自行车、打拳。七十几岁时，萧伯纳曾和当时世界著名的运动家丹尼同住在波欧尼岛上的一家旅馆里，每天起床后洗冷水浴，接着是

第九章 保持健康，拥有明天

229

一段数里的长途游泳，然后躺在海边享受日光浴，再一起长途散步。

萧伯纳常说："大夫不能治病，只能帮助有理性的人避免得病而已。人们倘若正规地生活，正当地饮食，就不会有病。"

其实，在生活中，进行锻炼是非常简单方便的事情，其中散步是最方便和实用的运动。这是一种不拘形式、闲散、从容的踱步。

根据专家的研究，每天散步 30 分钟，每星期 3 天，就提供了足够一个人维持健康的活动量。舒适轻松地散步，不仅可以增强心肺和呼吸系统，还可让头脑清醒和缓解疼痛。散步同时也为人们提供和大自然接触的机会，有利于心情舒缓。

散步是恩格斯锻炼的方法之一，这几乎是他每日的必修课。恩格斯每天吃完早饭，阅读报刊杂志，处理来往信件，午饭后就到附近的丘陵地带或公园散步，接着工作直到吃晚饭，晚上可以工作到 12 点以后。从曼彻斯特搬到伦敦居住后，恩格斯的住所与马克思的较近，常常下午 1 点左右和马克思一起外出散步，有时还去很远的郊外。散步使恩格斯消除疲劳，保持旺盛的精力。直到晚年，他仍将散步作为健身的方法。

养成步行的习惯，也可以增进健康。安步当车是一种健康的运动方式，只不过因为高速生活被人们所忽视了。

美国的办公室大部分都在高楼大厦里。一位集团董事长的办公室在 20 层楼，每天光是等电梯就要花好长的时间。于是他下决心把爬楼梯当做每天的例行工作。事实证明，这的确是一个相当好的方法。以前他在等电梯时，经常因等得不耐烦而猛抽香烟。当电梯下来时，又急急忙忙把烟熄掉，冲进电梯。从改走楼梯后，吸烟量减少了，而且由于白天的运动量增加，晚上一到 10 点就想睡觉，再也不失眠。结果不但身体健康状况变好，连性格都变得积极而有朝气。

由此类推，也可以减少坐车的机会，把步行当作一种固定的生活规则，一定可以增进身体健康。

为自己准备明天的早餐